中1

まとめ上手

数学

Calculation	Equation	Function	Geometry
÷×	8=8	≉	◇

受験研究社

本書の特色としくみ

　この本は，中学1年の重要事項(じこう)を豊富な図や表，補足説明を使って
わかりやすくまとめたものです。要点がひと目でわかるので，日常学
習や定期テスト対策に必携(ひっけい)の本です。

part1 から **part7** までの7
つの領域に分けています。

重要度
重要度を★，★★，★★★の3段
階で示しています。

図解式まとめ
もっとも大切な要点をひと目
で理解できるように，図や表，
補足説明を使ってわかりやす
くまとめています。

図解式まとめの下に，関連す
る要点を箇条書(かじょうが)きでまとめて
います。

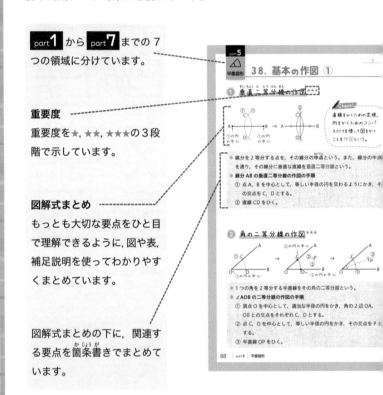

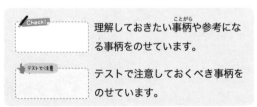

理解しておきたい事柄(ことがら)や参考にな
る事柄をのせています。

テストで注意しておくべき事柄を
のせています。

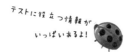
テストに役立つ情報が
いっぱいあるよ！

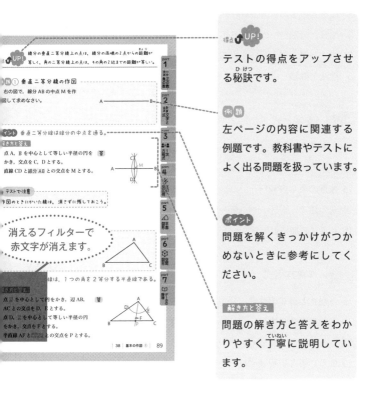

例題

左ページの内容に関連する
例題です。教科書やテストに
よく出る問題を扱っています。

ポイント

問題を解くきっかけがつか
めないときに参考にしてく
ださい。

解き方と答え

問題の解き方と答えをわか
りやすく丁寧に説明してい
ます。

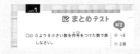

各 part の最後には，その part の内容
を復習できる「まとめテスト」を設けて
います。

もくじ

7つのpartが
あるんだよ！

5

1. 符号のついた数

① 正の数・負の数 ★★★

テストで注意

0 は正でも負でもない整数である。

- ＋3のように0より大きい数を**正の数**といい，**正の符号＋**をつけて表す。正の符号＋を**プラス**と読む。
- －2のように0より小さい数を**負の数**といい，**負の符号－**をつけて表す。負の符号－を**マイナス**と読む。
- 整数には，正の整数，0，負の整数があり，正の整数のことを自然数という。

② 反対の性質をもつ量 ★★

地点Oから東の方向を＋で表すと，

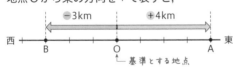

反対の性質をもつ量
一方を＋
⇩
他方は－

- たがいに反対の性質をもつ量は，一方を正の数で表すと，他方は負の数で表される。

  例 100円の利益を＋100円と表すと，

  100円の損失は－100円と表される。

得点 UP!
0 は正でも負でもない整数だから, 0 には符号をつけない。
また, 自然数に 0 はふくまれない。

例題① 正の数・負の数

次の数を, ＋, －の符号をつけた数で表しなさい。

❶ 0 より 5 大きい数

❷ 0 より 3.8 小さい数

❸ 0 より $\frac{2}{3}$ 小さい数

❹ 0 より $1\frac{1}{2}$ 大きい数

ポイント 0 より大きい ➡ ＋, 0 より小さい ➡ －

解き方と答え

❶ ＋5　❷ －3.8　❸ $-\frac{2}{3}$　❹ $+1\frac{1}{2}$

例題② 自然数

次の数の中から自然数をすべて選びなさい。

$-2.5,\ +\frac{6}{5},\ 0,\ +9,\ -1\frac{1}{3},\ +0.8,\ +23$

ポイント 正の整数を見つける。

解き方と答え

＋9, ＋23

例題③ 反対の性質をもつ量

負の数を使って, 次のことを表しなさい。

❶ 5 m 高い

❷ 2 kg の減少

❸ 8 万円の利益

❹ 10 枚たりない

ポイント ことばと符号を反対にすると, 同じ意味になる。

解き方と答え

❶ －5 m 低い

❷ －2 kg の増加

❸ －8 万円の損失

❹ －10 枚余る

Check!

反対の性質をもつことば
多い ⇔ 少ない　前 ⇔ 後
重い ⇔ 軽い　支出 ⇔ 収入

part 1 ×÷ 正負の数の数

part 2 ab xy 式と文字

part 3 ♟=♟ 方程式 1次

part 4 ⚡ 比例・反比例

part 5 △ 図形 平面

part 6 ⬡ 図形 空間

part 7 ▭ データの整理

月 日

2. 数の大小

① 数直線と数の大小 ★★

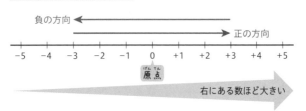

- 数直線上で 0 が対応している点を**原点**といい，数直線の右の方向を
  正の方向，左の方向を**負の方向**という。
- 数直線上では，右にある数ほど大きい。
- （負の数）< 0 <（正の数）

② 絶対値と数の大小 ★★

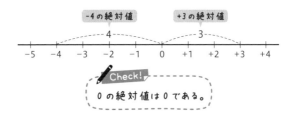

Check!

0 の絶対値は 0 である。

- 数直線上で数を表す点と原点との距離を，その数の**絶対値**という。
  絶対値は，その数から符号をとったものともいえる。

  例 +3 の絶対値は 3， −4 の絶対値は 4
  └── 符号をとる ──┘

- 正の数は絶対値が大きいほど大きく，負の数は絶対値が大きいほど小
  さい。

  例 +2 < +4， −5 < −3

● 数直線上では，右にある数ほど大きく，左にある数ほど小さい。

● +，－の符号と絶対値から，数の大小を判断できる。

例題① 数直線

次の数直線上の❶〜❹の表す数を答えなさい。

ポイント 原点より，右側➡正の数，左側➡負の数

解き方と答え

小数で表しても，分数で表してもよい。

❶ +5　　❷ -3　　❸ +0.5$\left(+\dfrac{1}{2}\right)$　　❹ -1.5$\left(-\dfrac{3}{2}\ または\ -1\dfrac{1}{2}\right)$

例題② 絶対値

絶対値が6になる数をすべて答えなさい。

ポイント 符号を変えた2つの数は絶対値が等しい。

解き方と答え

+6と -6

例題③ 数の大小

次の数を小さい順に並べなさい。

❶ -2, 0, +3, -1.5, +0.1　　❷ $+\dfrac{1}{2}$, -1.75, $-\dfrac{5}{3}$, +1.9

ポイント 負の数は，絶対値が大きいほど小さい。

解き方と答え

❶ 符号と絶対値の大きさから考える。

-2, -1.5, 0, +0.1, +3

❷ 分数を小数になおすと，絶対値の大小がよくわかる。

-1.75, $-\dfrac{5}{3}$, $+\dfrac{1}{2}$, +1.9

-1.66… ⟵　　⟵ +0.5

part 1 正負の数 ×÷

part 2 式と文字 $a b x y$

part 3 1次方程式

part 4 比例・反比例

part 5 平面図形

part 6 空間図形

part 7 データの整理

3. 加法と減法 ①

① 同符号の2数の和 ★★★

❶ $(+2) + (+3) = +(2+3)$ ← 共通の符号

　同符号　　　　$= +5$ ← 絶対値の和

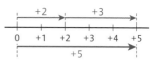

❷ $(-3) + (-2) = -(3+2)$ ← 共通の符号

　同符号　　　　$= -5$ ← 絶対値の和

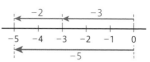

● たし算のことを**加法**という。加法の結果が**和**である。

● 同符号の2数の和は，2数の絶対値の和に，共通の符号をつける。

符号に注意しよう！

② 異符号の2数の和 ★★★

❶ 絶対値の大きいほうの符号

$(+5) + (-2) = +(5-2)$

　異符号　　　　$= +3$ ← 絶対値の差

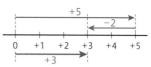

❷ 絶対値の大きいほうの符号

$(-3) + (+5) = +(5-3)$

　異符号　　　　$= +2$ ← 絶対値の差

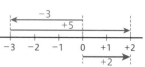

● 異符号の2数の和は，2数の絶対値の差に，絶対値の大きいほうの符号をつける。

● 絶対値が等しい異符号の2数の和は0である。

　例 $(+2) + (-2) = 0$

● ある数と0の和はもとの数に等しい。

　例 $(+5) + 0 = +5$　　　$0 + (-3) = -3$

得点 UP!
● まず，同符号か異符号かを確認して符号を決定する。
● 小数や分数の加法も，整数と同じように計算する。

例題① 同符号の2数の和

次の計算をしなさい。

❶ $(+7)+(+8)$

❷ $(-3)+(-7)$

❸ $(-1.2)+(-1.8)$

❹ $\left(+\dfrac{2}{3}\right)+\left(+\dfrac{1}{4}\right)$

ポイント 絶対値の和に，共通の符号をつける。

解き方と答え

❶ $(+7)+(+8)=+(7+8)=+15$

❷ $(-3)+(-7)=-(3+7)=-10$

❸ $(-1.2)+(-1.8)=-(1.2+1.8)=-3$

❹ $\left(+\dfrac{2}{3}\right)+\left(+\dfrac{1}{4}\right)=+\left(\dfrac{2}{3}+\dfrac{1}{4}\right)=+\left(\dfrac{8}{12}+\dfrac{3}{12}\right)$
通分
$=+\dfrac{11}{12}$

Check!

❹ 通分のしかた

$\dfrac{2}{3}=\dfrac{2\times4}{3\times4}=\dfrac{8}{12}$

$\dfrac{1}{4}=\dfrac{1\times3}{4\times3}=\dfrac{3}{12}$

例題② 異符号の2数の和

次の計算をしなさい。

❶ $(+7)+(-12)$

❷ $(+13)+(-6)$

❸ $(-2.3)+(+1.7)$

❹ $\left(-\dfrac{1}{2}\right)+\left(+\dfrac{1}{3}\right)$

❺ $(+18)+(-18)$

❻ $0+(-3.9)$

ポイント 絶対値の差に，絶対値の大きいほうの符号をつける。

解き方と答え

❶ $(+7)+(-12)=-(12-7)=-5$ 　12>7 より−

❷ $(+13)+(-6)=+(13-6)=+7$ 　13>6 より+

❸ $(-2.3)+(+1.7)=-(2.3-1.7)=-0.6$

❹ $\left(-\dfrac{1}{2}\right)+\left(+\dfrac{1}{3}\right)=\left(-\dfrac{3}{6}\right)+\left(+\dfrac{2}{6}\right)=-\left(\dfrac{3}{6}-\dfrac{2}{6}\right)=\dfrac{1}{6}$
通分

❺ $(+18)+(-18)=0$

❻ $0+(-3.9)=-3.9$

部分タブ（右端）:
part 1 正負の数・×÷
part 2 文字と式 a b x y
part 3 1次方程式
part 4 比例・反比例
part 5 平面図形
part 6 空間図形
part 7 データの整理

4. 加法と減法 ②

1 加法の計算法則 ★★

❶ 加法の交換法則 $a+b=b+a$

$$(+2)+(-8)=(-8)+(+2)$$

❷ 加法の結合法則 $(a+b)+c=a+(b+c)$

$$\{(-7)+(+4)\}+(+6)=(-7)+\{(+4)+(+6)\}$$

● 加法だけの式は，交換法則や結合法則を用いて，計算の順序や組み合わせを変えて計算できる。

例
$$(-7)+(+5)+(-9)+(+3)$$
$$=(-7)+(-9)+(+5)+(+3)$$ ← 加法の交換法則を利用
$$=\{(-7)+(-9)\}+\{(+5)+(+3)\}$$ ← 加法の結合法則を利用
$$=(-16)+(+8)$$
$$=-8$$

2 減法 ★★★

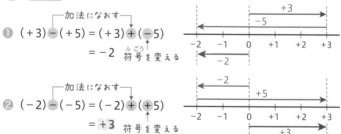

❶ $(+3)\underset{\text{加法になおす}}{\boxed{-}}(+5)=(+3)\boxed{+}(\boxed{-}5)$
$$=-2$$ 符号を変える

❷ $(-2)\underset{\text{加法になおす}}{\boxed{-}}(-5)=(-2)\boxed{+}(\boxed{+}5)$
$$=+3$$ 符号を変える

● ひき算のことを**減法**という。減法の結果が**差**である。

● 減法は，ひく数の符号を変えて，加法になおしてから計算する。

● 0 からある数をひくと，差はひいた数の符号を変えた数になる。また，ある数から 0 をひくと，差はもとの数に等しくなる。

例 $0-(-2)=0+(+2)=+2$　　$(-3)-0=-3$

得点 UP! 加法の交換法則や結合法則を使うと，正の数どうし，負の数どうしをまとめてから計算できる。

part
1
+−×÷
正の数・負の数

part
2
ab
xy
文字と式

part
3
●=●
1次方程式

part
4
比例・反比例

part
5
平面図形

part
6
空間図形

part
7
データの整理

例題 ① 加法の計算法則

次の計算をしなさい。

❶ $(-7)+(+5)+(-9)$　　　　❷ $(+12)+(-8)+(+2)+(-6)$

ポイント 正の数どうし，負の数どうしをまとめてからたす。

解き方と答え

❶ $(-7)+(+5)+(-9)=(+5)+(-7)+(-9)$　← 交換法則を利用
$=(+5)+\{(-7)+(-9)\}$ ← 結合法則を利用
$=(+5)+(-16)=-11$

❷ $(+12)+(-8)+(+2)+(-6)=(+12)+(+2)+(-8)+(-6)$
$=\{(+12)+(+2)\}+\{(-8)+(-6)\}$
$=(+14)+(-14)=\mathbf{0}$

例題 ② 減法

次の計算をしなさい。

❶ $(-12)-(+8)$　　　　❷ $(-7)-(-16)$

❸ $(+2.4)-(+0.8)$　　　❹ $(+1.2)-(-0.9)$

❺ $\left(-\dfrac{1}{4}\right)-\left(+\dfrac{1}{2}\right)$　　　❻ $\left(-\dfrac{1}{2}\right)-\left(-\dfrac{4}{5}\right)$

ポイント ひく数の符号を変えて，加法になおす。

解き方と答え

❶ $(-12)-(+8)=(-12)+(-8)=-20$

❷ $(-7)-(-16)=(-7)+(+16)=+9$

❸ $(+2.4)-(+0.8)=(+2.4)+(-0.8)=+1.6$

❹ $(+1.2)-(-0.9)=(+1.2)+(+0.9)=+2.1$

❺ $\left(-\dfrac{1}{4}\right)-\left(+\dfrac{1}{2}\right)=\left(-\dfrac{1}{4}\right)+\left(-\dfrac{1}{2}\right)=\left(-\dfrac{1}{4}\right)+\left(-\dfrac{2}{4}\right)=-\dfrac{3}{4}$

❻ $\left(-\dfrac{1}{2}\right)-\left(-\dfrac{4}{5}\right)=\left(-\dfrac{1}{2}\right)+\left(+\dfrac{4}{5}\right)=\left(-\dfrac{5}{10}\right)+\left(+\dfrac{8}{10}\right)=+\dfrac{3}{10}$

5. 加法と減法の混じった計算

① 項を並べた式 ★

$$(+3) + (-9) - (+4)$$

加法だけの式になおす

$$= (+3) + (-9) + (-4)$$

加法の記号＋とかっこをはぶく

$$= 3 - 9 - 4$$

項を並べた式

● 加法だけの式で，加法の記号＋で結ばれたそれぞれの数を，その式の**項**という。
　　例　上の式 $(+3) + (-9) + (-4)$ では，$+3$，-9，-4 が項である。
　　　　また，$+3$ を**正の項**，-9，-4 を**負の項**という。

● 加法だけの式では，加法の記号＋とかっこをはぶき，項だけを並べた式で表すことができる。また，式のはじめの項が正の数であれば，その数の符号＋をはぶいて表す。

② 加法と減法の混じった計算 ★★

$$(+7) + (-5) - (-8) - (+6)$$

加法だけの式になおす

$$= (+7) + (-5) + (+8) + (-6)$$

項を並べた式になおす

$$= 7 - 5 + 8 - 6$$

同符号の項を集める

$$= 7 + 8 - 5 - 6$$

同符号の項の和を求める

$$= 15 - 11$$

$$= 4 \quad \leftarrow 答えが正の数のときは，+の記号をはぶくことができる$$

● 加法と減法の混じった計算では，項を並べた式になおし，正の項の和，負の項の和をそれぞれ先に求めて計算することができる。
● 答えが正の数のときは，＋の記号をはぶくことができる。

得点 UP!
- +( ) → そのままかっこをはずす。
- -( ) → かっこ内の符号を変えて，かっこをはずす。

part 1 正の数・負の数 ×÷
part 2 文字と式 $abxy$
part 3 1次方程式
part 4 比例・反比例
part 5 平面図形
part 6 空間図形
part 7 データの整理

例題 ① **加法と減法の混じった計算①**

次の計算をしなさい。

❶ $(+2)-(-9)+(-4)$　　❷ $(-8)+(+5)-(-12)+(-23)$

ポイント 項を並べた式になおして計算する。

解き方と答え

❶ $(+2)-(-9)+(-4)$
$= (+2)+(+9)+(-4)$　← 加法だけの式になおす
$= 2+9-4$　← 項を並べた式になおす
$= 11-4=7$　← 同符号の項の和を求める

❷ $(-8)+(+5)-(-12)+(-23)$
$= (-8)+(+5)+(+12)+(-23)$　← 加法だけの式になおす
$= -8+5+12-23$　← 項を並べた式になおす
$= 5+12-8-23$　← 同符号の項を集める
$= 17-31=-14$　← 同符号の項の和を求める

例題 ② **加法と減法の混じった計算②**

次の計算をしなさい。

❶ $-2.5+1.5-3.2$　　❷ $\dfrac{1}{3}+\left(-\dfrac{1}{2}\right)-\left(-\dfrac{1}{4}\right)-\dfrac{2}{3}$

ポイント 正の項，負の項を集めて，それぞれの和を求める。

解き方と答え

❶ $-2.5+1.5-3.2$
$= 1.5-2.5-3.2$
$= 1.5-5.7$
$= -4.2$

❷ $\dfrac{1}{3}+\left(-\dfrac{1}{2}\right)-\left(-\dfrac{1}{4}\right)-\dfrac{2}{3}$
$= \dfrac{1}{3}-\dfrac{1}{2}+\dfrac{1}{4}-\dfrac{2}{3}$
$= \dfrac{1}{3}+\dfrac{1}{4}-\dfrac{1}{2}-\dfrac{2}{3}$
$= \dfrac{4}{12}+\dfrac{3}{12}-\dfrac{6}{12}-\dfrac{8}{12}$
$= \dfrac{7}{12}-\dfrac{14}{12}=-\dfrac{7}{12}$

6. 乗法と除法

1 同符号の2数の積・商 ★★★

❶ $(+2) \times (+3) = +\underline{(2 \times 3)}$　　正の符号
　　同符号　　　　　　　　絶対値
　　　　　$= 6$　　　　の積

❷ $(-8) \div (-2) = +\underline{(8 \div 2)}$　　正の符号
　　同符号　　　　　　　　絶対値
　　　　　$= 4$　　　　の商

- かけ算のことを**乗法**という。乗法の結果が**積**である。
- わり算のことを**除法**という。除法の結果が**商**である。
- 同符号の2数の積・商は，2数の絶対値の積・商に，正の符号をつける。

2 異符号の2数の積・商 ★★★

❶ $(+2) \times (-3) = -\underline{(2 \times 3)}$　　負の符号
　　異符号　　　　　　　　絶対値
　　　　　$= -6$　　　　の積

❷ $(-8) \div (+2) = -\underline{(8 \div 2)}$　　負の符号
　　異符号　　　　　　　　絶対値
　　　　　$= -4$　　　　の商

- 異符号の2数の積・商は，2数の絶対値の積・商に，負の符号をつける。
- ある数と0の積は，つねに0になる。
  - **例** $(-4) \times 0 = 0$　　　$0 \times (-5) = 0$
- 0を正の数，負の数でわったときの商は0である。
  - **例** $0 \div (-6) = 0$　　　※どんな数も0でわることはできない。

3 除法と逆数 ★★★

$-4 \div \left(-\dfrac{2}{3}\right) = -4 \times \left(-\dfrac{3}{2}\right)$
　　　　　逆数をかける
　　　　　$= 6$

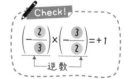

Check!
$\left(-\dfrac{2}{3}\right) \times \left(-\dfrac{3}{2}\right) = +1$
　　　　逆数

- 2つの数の積が1のとき，一方の数を他方の数の**逆数**という。
- 除法は，わる数を逆数にして，乗法になおしてから計算することができる。

得点 UP!
- 積の符号 …＋×＋→＋，－×－→＋，＋×－→－，－×＋→－
- 商の符号 …＋÷＋→＋，－÷－→＋，＋÷－→－，－÷＋→－

例題 ① 乗法

次の計算をしなさい。

❶ $(+17) \times (+3)$

❷ $16 \times (-5)$

❸ $(-2.5) \times (+6)$

❹ $\left(-\dfrac{2}{3}\right) \times \left(-\dfrac{1}{2}\right)$

ポイント 積の符号を決めて，絶対値の積を求める。

解き方と答え

❶ $(+17) \times (+3) = +(17 \times 3) = 51$

❷ $16 \times (-5) = -(16 \times 5) = -80$

❸ $(-2.5) \times (+6) = -(2.5 \times 6) = -15$

❹ $\left(-\dfrac{2}{3}\right) \times \left(-\dfrac{1}{2}\right) = +\left(\dfrac{2}{3} \times \dfrac{1}{2}\right) = \dfrac{1}{3}$

例題 ② 除法

次の計算をしなさい。

❶ $(-16) \div (-2)$

❷ $0 \div (-3.1)$

❸ $15 \div (-28)$

❹ $(-2.4) \div 0.6$

❺ $-\dfrac{3}{4} \div \left(-\dfrac{2}{3}\right)$

❻ $\dfrac{2}{3} \div \left(-\dfrac{11}{6}\right)$

ポイント 商の符号を決めて，絶対値の商を求める。

解き方と答え

❶ $(-16) \div (-2) = +(16 \div 2) = 8$

❷ $0 \div (-3.1) = 0$

❸ $15 \div (-28) = -\dfrac{15}{28}$

❹ $(-2.4) \div 0.6 = -(2.4 \div 0.6) = -4$

❺ $-\dfrac{3}{4} \div \left(-\dfrac{2}{3}\right) = -\dfrac{3}{4} \times \left(-\dfrac{3}{2}\right) = +\left(\dfrac{3}{4} \times \dfrac{3}{2}\right) = \dfrac{9}{8}$
　　　　　　　　　　　　　　↑ 逆数をかける

❻ $\dfrac{2}{3} \div \left(-\dfrac{11}{6}\right) = \dfrac{2}{3} \times \left(-\dfrac{6}{11}\right) = -\left(\dfrac{2}{3} \times \dfrac{6}{11}\right) = -\dfrac{4}{11}$

Check!
〈逆数のつくり方〉
分母と分子を入れ
かえて，同じ符号を
つける。

part 1 正負の数・×÷
part 2 文字と式 axy
part 3 1次方程式
part 4 比例・反比例
part 5 平面図形
part 6 空間図形
part 7 データの整理

7. 乗法の計算法則と累乗

① 乗法の計算法則 ★★

❶ **乗法の交換法則** $a \times b = b \times a$

$$(+2) \times (-8) = (-8) \times (+2)$$

❷ **乗法の結合法則** $(a \times b) \times c = a \times (b \times c)$

$$\{(-7) \times (+4)\} \times (+6) = (-7) \times \{(+4) \times (+6)\}$$

● 3つ以上の数の積は，絶対値の積に，負の数が偶数個ならば正の符号，奇数個ならば負の符号をつける。

● 交換法則や結合法則を使うと，計算が簡単になる場合がある。

例 $(-25) \times (-17) \times (-4) = \{(-25) \times (-4)\} \times (-17)$
$= 100 \times (-17) = -1700$

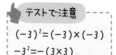
できるだけ簡単になる
方法をさがそう！

② 累乗 ★★★

5を3個かける
❶ $5 \times 5 \times 5 = 5^3$ ← 指数
　　　　　　　　└ 5の3乗

テストで注意
$(-3)^2 = (-3) \times (-3)$
$-3^2 = -(3 \times 3)$

−2を2個かける
❷ $(-2) \times (-2) = (-2)^2$ ← 指数
　　　　　　　　　└ −2の2乗

● 同じ数を何個かかけ合わせたものを，その数の**累乗**といい，かけ合わせた個数を示す数を累乗の**指数**という。指数は，数の右上に小さく書く。

例 3×3 は 3^2 と表して，3の2乗と読む。
$2 \times 2 \times 2 \times 2$ は 2^4 と表して，2の4乗と読む。

● 2乗を**平方**，3乗を**立方**ということがある。

得点 UP! 負の数の累乗は，指数が偶数のとき正の数，指数が奇数の
とき負の数である。

例題① 乗法の計算法則

次の式をくふうして計算しなさい。

❶ $(-3.2) \times (+6) \times (-0.5)$　　　❷ $(-24) \times (-9) \times \left(-\dfrac{1}{4}\right)$

ポイント 交換法則や結合法則を利用する。

解き方と答え

❶ $(-3.2) \times \underline{(+6) \times (-0.5)}$　　結合法則を利用
  $= (-3.2) \times \underline{(-3)}$
  $= 9.6$

❷ $(-24) \times \underline{(-9) \times \left(-\dfrac{1}{4}\right)}$　　交換法則を利用
  $= (-24) \times \underline{\left(-\dfrac{1}{4}\right) \times (-9)}$
  $= 6 \times (-9) = -54$

例題② 累乗

次の計算をしなさい。

❶ 8^2　　　　❷ -2^4　　　　❸ $(-3)^3$

❹ $\left(-\dfrac{2}{3}\right)^2$　　　　❺ $(-2)^3 \times (-2)^2$

ポイント 符号と指数に注意して計算する。

解き方と答え

❶ $8^2 = 8 \times 8 = 64$

❷ $-2^4 = -(2 \times 2 \times 2 \times 2) = -16$

❸ $(-3)^3 = (-3) \times (-3) \times (-3) = -27$

❹ $\left(-\dfrac{2}{3}\right)^2 = \left(-\dfrac{2}{3}\right) \times \left(-\dfrac{2}{3}\right) = \dfrac{4}{9}$

❺ $(-2)^3 \times (-2)^2 = \{(-2) \times (-2) \times (-2)\} \times \{(-2) \times (-2)\} = -8 \times 4 = -32$

part 1 ＋－×÷ 正負の数の

part 2 $a b$ $x y$ 文字と式

part 3 ⦿−⦿ 1次方程式

part 4 ⚘ 比例・反比例

part 5 △ 平面図形

part 6 ⬡ 空間図形

part 7 ⬚ データの整理

8. いろいろな計算 ①

1 乗法と除法の混じった計算 ★★

$12 \div \left(-\dfrac{3}{4}\right) \times \left(-\dfrac{3}{2}\right)$ ← 乗法だけの式になおす

$= 12 \times \left(-\dfrac{4}{3}\right) \times \left(-\dfrac{3}{2}\right)$ ← 積の符号を決める

$= +\left(12 \times \dfrac{4}{3} \times \dfrac{3}{2}\right)$ ← 積の絶対値を求める

$= 24$

● 乗法と除法の混じった式は，乗法だけの式になおして計算することができる。

● 累乗があるときは，まず累乗の計算をする。

　例　$6 \times (-2)^2 \div 12 = 6 \times 4 \div 12 = 2$

2 素因数分解 ★★

素数でわっていく →
商が素数になるまで続ける →

```
2 ) 60      ÷2
2 ) 30  ←   ÷2
3 ) 15  ←   ÷3
    5   ←
```

素因数の積
の形で表す → $60 = 2 \times 2 \times 3 \times 5 = 2^2 \times 3 \times 5$

● 次のように，1とその数のほかに約数をもたない数を**素数**という。

　2，3，5，7，11，13，……

● 自然数をいくつかの素数の積の形で表すとき，その1つ1つの数を，もとの自然数の**素因数**という。また，自然数を素因数だけの積の形で表すことを**素因数分解**するという。

● 素因数分解の手順は，

　① 素数で順にわっていき，商が素数になるまで続ける。

　② それらの素因数の積の形で表す。同じ数の積は累乗の形で表す。

得点 UP!
● 積の符号は，負の数が偶数個のときは＋。奇数個のときは－。
● 素因数分解するときは，小さい素数から順にわっていく。

part 1 ×÷ 負の数 正の数

part 2 *a b x y* 式文字と

part 3 8=8 方程式 1次

part 4 ⚮ 反比例・比例

part 5 △ 図形平面

part 6 ⬡ 図形空間

part 7 📖 データの整理

例題 ① 乗法と除法の混じった計算

次の計算をしなさい。

❶ $\left(-\dfrac{3}{5}\right) \div (-2) \div \left(-\dfrac{3}{4}\right)$　　❷ $(-4)^2 \div (-14) \times (-7)$

ポイント わる数の逆数をかけて，乗法になおして計算する。

解き方と答え

❶ $\left(-\dfrac{3}{5}\right) \div (-2) \div \left(-\dfrac{3}{4}\right)$ ← 乗法だけの式になおす

$= \left(-\dfrac{3}{5}\right) \times \left(-\dfrac{1}{2}\right) \times \left(-\dfrac{4}{3}\right)$ ← 積の符号を決める

$= -\left(\dfrac{3}{5} \times \dfrac{1}{2} \times \dfrac{4}{3}\right)$ ← 積の絶対値を求める

$= -\dfrac{2}{5}$

❷ $(-4)^2 \div (-14) \times (-7)$ ← 累乗の計算をする

$= 16 \div (-14) \times (-7)$ ← 乗法だけの式になおす

$= 16 \times \left(-\dfrac{1}{14}\right) \times (-7)$ ← 積の符号を決める

$= + \left(16 \times \dfrac{1}{14} \times 7\right)$ ← 積の絶対値を求める

$= 8$

例題 ② 素因数分解

次の数を素因数分解しなさい。

❶ 105　　　　　　　　　❷ 126

ポイント 素数で順にわっていき，素数の積をつくる。

解き方と答え

❶
```
3) 105
5)  35
     7
```
$105 = 3 \times 5 \times 7$

❷
```
2) 126
3)  63
3)  21
     7
```
$126 = 2 \times 3 \times 3 \times 7$
$\quad\quad = 2 \times 3^2 \times 7$

9. いろいろな計算 ②

① 四則の混じった計算 ★★★

$$(-4) \times (2^3 + 3) + 10$$

累乗の計算をする

$$= (-4) \times (8 + 3) + 10$$

かっこの中を計算する

$$= (-4) \times 11 + 10$$

乗法の計算をする

$$= -44 + 10$$

加法の計算をする

$$= -34$$

- 加法，減法，乗法，除法をまとめて**四則**という。
- 乗法や除法は，加法や減法よりも先に計算する。
- かっこのある式の計算では，かっこの中を先に計算する。
- 累乗のある式の計算では，累乗を先に計算する。

② 分配法則 ★★★

❶ $a \times (b + c) = a \times b + a \times c$

$$4 \times \{25 + (-3)\} = 4 \times 25 + 4 \times (-3)$$

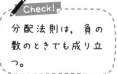

Check!

分配法則は，負の数のときでも成り立つ。

❷ $(b + c) \times a = b \times a + c \times a$

$$(100 - 2) \times (-11)$$
$$= 100 \times (-11) - 2 \times (-11)$$

- 分配法則を利用すると，計算が簡単になる場合がある。

  例 $\left(\dfrac{3}{5} + \dfrac{2}{3}\right) \times 15 = \dfrac{3}{5} \times 15 + \dfrac{2}{3} \times 15 = 9 + 10 = 19$

- 分配法則を逆向きに利用すると，計算が簡単になる場合もある。

  例 $a \times b + a \times c = a \times (b + c)$ を利用して，
  $$12 \times 98 + 12 \times 2 = 12 \times (98 + 2) = 12 \times 100 = 1200$$

得点⤴UP! 四則の混じった計算は，

かっこの中・累乗 → 乗法・除法 → 加法・減法 の順に計算する。

part 1 +×÷ 正負の数
part 2 ab xy 式と文字
part 3 8=8 1次方程式
part 4 ⳾ 比例・反比例
part 5 △ 平面図形
part 6 ⬡ 空間図形
part 7 📖 データの整理

例題① 四則の混じった計算

次の計算をしなさい。

❶ $-12 \div 3 - (-6) \times (-2)$

❷ $(-16) \div (-2)^3 - 3^2 \times (2-4)$

ポイント 累乗やかっこがあれば，それらを先に計算する。

解き方と答え

❶ $-12 \div 3 - (-6) \times (-2)$

$= -4 - 12$ ← 乗法・除法の計算をする

$= -16$ ← 減法の計算をする

❷ $(-16) \div (-2)^3 - 3^2 \times (2-4)$ ← かっこの中・累乗の計算をする

$= (-16) \div (-8) - 9 \times (-2)$ ← 乗法・除法の計算をする

$= 2 + 18$ ← 加法の計算をする

$= 20$

例題② 分配法則

次の式をくふうして計算しなさい。

❶ $12 \times \left(-\dfrac{3}{4} + \dfrac{1}{3}\right)$

❷ $8 \times 16 - 58 \times 16$

ポイント 分配法則を利用して，計算を簡単にする。

解き方と答え

❶ $12 \times \left(-\dfrac{3}{4} + \dfrac{1}{3}\right)$

$= 12 \times \left(-\dfrac{3}{4}\right) + 12 \times \dfrac{1}{3}$ ← $a \times (b+c) = a \times b + a \times c$ を利用する

$= -9 + 4 = -5$

❷ $8 \times 16 - 58 \times 16$

$= (8 - 58) \times 16$ ← $b \times a + c \times a = (b+c) \times a$ を利用する

$= (-50) \times 16 = -800$

月　日

10. 数の集合と正負の数の利用

1 数の集合と四則計算 ★

> **Check!**
> 数全体の集合には整数，分数，小数がすべてふくまれる。

- 自然数全体の集まりを，**自然数の集合**という。また，自然数のほかに，0と負の整数を合わせたものを**整数の集合**という。
- 自然数の集合では，加法と乗法がいつでもできる。
- 整数の集合では，加法，乗法，減法がいつでもできる。
- 数全体の集合では，四則計算がいつでもできる。

2 正負の数の利用 ★★

A，B，C，D，E 5人の体重の平均の求め方

A	B	C	D	E
43	36	42	39	45

（単位：kg）

40kgを基準にすると →

A	B	C	D	E
+3	−4	+2	−1	+5

（単位：kg）

40 kg との差の合計は，

$(+3)+(−4)+(+2)+(−1)+(+5)=5$ (kg)

5人の体重の平均は，

$$\underset{\text{基準の値}}{40}+\underset{\text{基準との差の平均}}{5÷5}=41 \text{ (kg)}$$

> **Check!**
> 平均を求めるときに基準にする値を仮平均という。

- ある資料（データ）の平均を求めるとき，基準とする値を決めて，次の方法で計算することができる。
  平均＝基準の値＋基準との差の平均

得点 UP! ● 自然数は，整数の集合にも，数全体の集合にもふくまれる。
● 基準との差の平均を利用すると，簡単に平均を求められる。

例題① 数の集合と四則計算

次のア〜エから正しいものをすべて選び，記号で答えなさい。

ア 2つの自然数の和はいつでも自然数になる。

イ 自然数を自然数でわると，その商はいつでも自然数になる。

ウ 2つの整数の差はいつでも整数になる。

エ 2つの数の積が正の数であるとき，その2つの数の和はいつでも正の数になる。

ポイント それぞれのことがらを，具体的な数で考えるとよい。

解き方と答え

ア 正しい。

イ 例えば，$2 \div 5$ は自然数にならない。

ウ 正しい。

エ 例えば，$(-3) \times (-4) = \underset{\text{正の数}}{12}$ だが，$(-3) + (-4) = \underset{\text{負の数}}{-7}$

答 ア，ウ

例題② 正負の数の利用

右の表は，A，B，C，D，Eの数学のテストの得点を，80点を基準にして，それより高い場合を正の数，低い場合を負の数で表したものである。

A	B	C	D	E
+5	-12	-2	+8	-9

(単位：点)

❶ Aの得点はBの得点より何点高いですか。

❷ この5人の得点の平均点を求めなさい。

ポイント 基準との差を利用して，差や平均を求める。

解き方と答え

❶ Aの得点とBの得点の差は，$(+5) - (-12) = 17$ (点)

❷ 80点との差の合計は，

$(+5) + (-12) + (-2) + (+8) + (-9) = -10$ (点)

よって，5人の得点の平均点は，$80 + (-10) \div 5 = 78$ (点)

part 1 ÷× 正の数・負の数

part 2 $\frac{ab}{xy}$ 文字と式

part 3 方程式 1次

part 4 比例・反比例

part 5 平面図形

part 6 空間図形

part 7 データの整理

10 数の集合と正負の数の利用 25

📝 まとめテスト

月　　日

解答

□❶ 0 より 8 小さい数を符号をつけた数で表しなさい。

□❷ 負の数はいくつあるか答えなさい。

$1, \quad -2, \quad -\dfrac{5}{4}, \quad 0, \quad 0.34, \quad \dfrac{5}{6}$

□❸ 次の□にあてはまる不等号を答えなさい。

① $-6.2 \square -6.5$

② $\dfrac{2}{13} \square \dfrac{2}{9}$

□❹ 次の数直線で点Aと点Bの値を答えなさい。

□❺ 絶対値が 2.3 以上 6.1 未満の整数をすべて答えなさい。

□❻ 次の数を（　）の言葉を使って表しなさい。

①800 円たりない（余る）

② -10% の増加（減少）

次の❼～⓰の式を計算しなさい。

□❼ $(-6)-(+5)$

□❽ $6+4+(-8)-7$

□❾ $(-12)\times(-8)\times\left(\dfrac{1}{24}\right)$

□❿ $-3\times4+2$

□⓫ $5^2+(-3)$

□⓬ $981\times(13-5^2+6\times2)$

□⓭ $12\times\left(\dfrac{3}{4}+\dfrac{1}{6}\right)$

□⓮ $96\times34+96\times66$

□⓯ $21\div(-4)+1\div4$

□⓰ $6^2+0.6\times13-(0.16+0.07)\times60$

❶ -8

❷ 2 個

❸ ① $>$
　 ② $<$

❹ A 0.5
　 B -3

❺ -6, -5, -4,
　 -3, 3, 4, 5, 6

❻ ① -800 円余る
　 ② 10% の減少

❼ -11

❽ -5

❾ 4

❿ -10

⓫ 22

⓬ 0

⓭ 11

⓮ 9600
　 解き方 $96\times(34+66)$
　 $=96\times100$

⓯ -5

⓰ 30
　 解き方 $6^2+0.6\times13$
　 　 -0.23×60
　 $=6\times6+6\times1.3-2.3\times6$
　 $=6\times(6+1.3-2.3)$
　 $=30$

□⑰ $a > b$ である整数 a, b を計算したとき，いつでも答えが正の整数になるものを選びなさい。

ab, $a^2 + b^2$, $a - b^2$, $a \div b$

□⑱ 次の数を素因数分解しなさい。

① 245

② 135

□⑲ 素因数分解を利用して，24，96，12 の最小公倍数と最大公約数を求めなさい。

□⑳ 下の表はある図書館の 5 日間で貸し出した本の冊数について，前日との差を表したものである。次の問いに答えなさい。

曜日	月曜	火曜	水曜	木曜	金曜
前日との差	0	-3	-4	$+12$	-6

① 表を月曜日の冊数を基準としたとき，A〜C に入る数を書きなさい。

曜日	月曜	火曜	水曜	木曜	金曜
月曜との差	0	A	-7	B	C

② 貸し出した冊数の 1 番多い日と 2 番目に少ない日の差を答えなさい。

③ 火曜日の貸し出した冊数が 13 冊のとき，金曜に貸し出した冊数は何冊になるか答えなさい。

④ 月曜日に貸し出した冊数が 18 冊のとき，5 日間に貸し出した冊数の平均を求めなさい。

⑰ $a^2 + b^2$

⑱ ① 5×7^2

② $3^3 \times 5$

⑲ 最小公倍数 96

最大公約数 12

解き方 $24 = 2^3 \times 3$

$96 = 2^5 \times 3$

$12 = 2^2 \times 3$

最小公倍数は，

$2^5 \times 3 = 96$

最大公約数は，

$2^2 \times 3 = 12$

⑳ ① A -3

B $+5$

C -1

② 8 冊

③ 15 冊

④ 16.8 冊

解き方 ① A $0 - 3 = -3$

B $-7 + 12 = +5$

C $+5 - 6 = -1$

② 1 番多い日は木曜日，2 番目に少ないのは火曜日なので，

$+5 - (-3) = 8$（冊）

③ 月曜の冊数を求めてから金曜の冊数を求めればよい。

$13 - (-3) + (-1)$

$= 15$（冊）

④ 仮平均＋差の平均

＝全体の平均 より，

$18 + (-3 - 7 + 5 - 1) \div 5$

$= 18 - 1.2 = 16.8$（冊）

part 2
ab xy 文字と式
11. 文字式の表し方

① 積の表し方 ★★

乗法の記号×は，はぶく。

❶ $\underline{x} \times (-3) = -3\underline{x}$　←数は文字の前

❷ $a \times c \times \underline{b} \times \underline{a} = \underline{a^2}bc$　←同じ文字は累乗(るいじょう)の形
　　　　　　　　　　←文字はアルファベット順

❸ $(a+3) \times \underline{5} = \underline{5}(a+3)$　←数は，かっこの前

- 文字式では，乗法の記号×をはぶいて書く。
- 数と文字の積では，数を文字の前に書く。
- 同じ文字の積は累乗の形に書く。
- いくつかの文字の積は，ふつうアルファベット順に書く。
- かっこのある式と数との積は，数をかっこの前に書く。

② 商の表し方 ★★

除法の記号÷は使わず，分数の形で書く。

❶ $a \div b = \dfrac{a}{b}$　←分子になる　←分母になる

❷ $x \div (-y) = -\dfrac{x}{y}$　←－の符号(ふごう)は分数の前

❸ $(x+1) \div 2 = \dfrac{x+1}{2}$　←分子になる　←分母になる　←かっこはとる

- 文字式の除法では，除法の記号÷を使わないで，分数の形で書く。
- 「−」の符号は分数の前に書く。

文字式の表し方のきまりを使うと、四則の混じった式は、先に計算する乗法と除法の部分をひとまとまりにして表すことができる。

例題① 積や商の表し方

次の式を、記号×、÷を省略して書きなさい。

1. $x \times (-1)$
2. $a \times (-2.3)$
3. $x \times 0.1$
4. $(a+1) \times 4$
5. $b \times b \times 2 \times a \times a \times a$
6. $(x-y) \times (x-y)$
7. $b \div (-3)$
8. $(x-2) \div 5$

ポイント かっこのある式は1つの文字と同じように考える。

解き方と答え

1. $-x$
   └ $-1x$ とは書かない
2. $-2.3a$
3. $0.1x$
   └ $0.x$ とは書かない
4. $4(a+1)$
5. $2a^3b^2$
6. $(x-y)^2$
   └ 同じ式の積も累乗の形
7. $-\dfrac{b}{3}$
8. $\dfrac{x-2}{5}$

> **Check!**
> 7、8は次のように表すこともできる。
> 7. $-\dfrac{b}{3} \rightarrow -\dfrac{1}{3}b$
> 8. $\dfrac{x-2}{5} \rightarrow \dfrac{1}{5}(x-2)$

例題② 四則混合の表し方

次の式を、記号×、÷を省略して書きなさい。

1. $a \div (b \times c)$
2. $a \div b \times c$
3. $x \times (-2) + y \div 5$
4. $(x \times y - 3) \div 4$

ポイント +、- の記号は省略できない。

解き方と答え

1. $\dfrac{a}{bc}$
   └ $a \div bc$
2. $\dfrac{ac}{b}$
3. $-2x + \dfrac{y}{5}$
4. $\dfrac{xy-3}{4}$

> **Check!**
> 除法を乗法になおしてから、×をはぶいてもよい。
> 2. $a \div b \times c = a \times \dfrac{1}{b} \times c$
> $= \dfrac{ac}{b}$

part 1 正の数・負の数 ÷×

part 2 文字と式 $\frac{ab}{xy}$

part 3 1次方程式

part 4 比例・反比例

part 5 平面図形

part 6 空間図形

part 7 データの整理

月　日

12. 数量の表し方 ①

1 代金の表し方 ★★

問 1本 x 円の鉛筆3本と，1冊80円のノート1冊を買ったときの代金は，何円ですか。

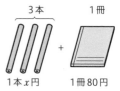

3本　　　1冊

1本 x 円　1冊80円

解 $x×3+80 = 3x+80$ （円）

1本の値段 ↑　↑ 本数

2 数の表し方 ★★

① 3の倍数 → $3n$ （n は整数）

② 偶数 → $2m$ （m は整数），奇数 → $2n+1$ （n は整数）

③ 3つの連続する整数 → n, $n+1$, $n+2$ （n は整数）

④ 十の位が a，一の位が b の2けたの自然数 → $10a+b$

3 単位の表し方 ★★

問 長さ a m のひもから，長さ b cm のひもを2本切りとったときの残りは，何 cm ですか。

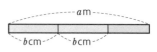

a m

b cm　b cm

解 a m $= 100a$ cm だから，

$\underline{100a} - \underline{b×2} = 100a - 2b$ （cm）

↑　　↑
単位をそろえる

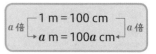

a 倍 ⌈ 1 m = 100 cm
　　└ a m = $100a$ cm ⌋ a 倍

● 単位の異なる2つ以上の数量の和や差を1つの式で表すには，単位をそろえなければならない。

● 次のような単位の関係を覚えておく。

長さ 1 cm = 10 mm, 1 m = 100 cm, 1 km = 1000 m

かさ 1 L = 10 dL = 1000 mL

重さ 1 g = 1000 mg, 1 kg = 1000 g, 1 t = 1000 kg

面積 1 m² = 10000 cm², 1 km² = 100 ha = 10000 a = 1000000 m²

得点 UP! 　代金＝1個の値段×個数 のように，ことばの式で考えてから，文字や数をあてはめるとよい。

part 1 ＋−×÷ 正の数・負の数

part 2 $\frac{ab}{xy}$ 文字と式

part 3 $\stackrel{=}{=}\stackrel{•}{•}$ 1次方程式

part 4 $\nearrow$ 比例・反比例

part 5 △ 平面図形

part 6 ☆ 空間図形

part 7 □ データの整理

例題① 代金の表し方

次の数量を，式で表しなさい。

❶ 150 円のジュースを x 本買って，1000 円札を出したときのおつり

❷ 1 本 x 円の鉛筆を 5 本と，1 冊 y 円のノートを 2 冊買ったときの代金の合計

ポイント 代金＝1個の値段×個数

解き方と答え

❶ ジュース x 本の代金は $150 \times x = 150x$ (円) だから，$1000 - 150x$ (円)

❷ 鉛筆 5 本の代金は $5x$ 円，ノート 2 冊の代金は $2y$ 円だから，

$5x + 2y$ (円)

例題② 数の表し方

次の数を式で表しなさい。

❶ a の 6 倍から b の 5 倍をひいた差

❷ 十の位の数が x，一の位の数が 3 の 2 けたの自然数

ポイント ❷ たとえば 23＝10×2＋3 となる。

解き方と答え

❶ a の 6 倍は $6a$，b の 5 倍は $5b$ だから，$6a - 5b$

❷ $10 \times x + 3 = 10x + 3$

例題③ 単位の表し方

次の数量の和を〔　〕の中の単位で表しなさい。

❶ x kg と y g〔g〕　　　　　❷ a L と b dL〔L〕

ポイント 1 kg＝1000 g，1 L＝10 dL

解き方と答え

❶ x kg＝$1000x$ g だから，$1000x + y$ (g)

❷ b dL＝$\dfrac{b}{10}$ L だから，$a + \dfrac{b}{10}$ (L)

月　　日

13. 数量の表し方 ②

① 平均の表し方 ★

問 体重が a kg，b kg，c kg の 3 人がいるとき，この 3 人の体重の平均は何 kg ですか。

解 平均＝体重の合計÷人数 だから，

$$(a + b + c) \div 3 = \frac{a+b+c}{3} \text{ (kg)}$$

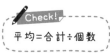
Check!
平均＝合計÷個数

② 割合の表し方 ★★★

❶ x g の 13% → $x \times \dfrac{13}{100} = \dfrac{13}{100}x$ (g)

　　　　もとになる量┘　└割合

❷ y 円の 9 割 → $y \times \dfrac{9}{10} = \dfrac{9}{10}y$ (円)

　　　　もとになる量┘　└割合

Check!
比べる量
＝もとになる量×割合

● 1 割は $\dfrac{1}{10}$，1 %は $\dfrac{1}{100}$ だから，r 割は $\dfrac{r}{10}$，x %は $\dfrac{x}{100}$ で表される。

③ 速さの表し方 ★★★

問 A地から a km 離れた B 地に向かって，時速 4 km で t 時間歩いたときの残りの道のりは，何 km ですか。

解 道のり＝速さ×時間 だから，

時速 4 km で歩いた道のりは，

$4 \times t = 4t$ (km)

よって，残りの道のりは，$a - 4t$ (km)

Check!
速さ＝道のり÷時間，　時間＝道のり÷速さ，　道のり＝速さ×時間

得点 **UP!** 平均，割合，速さの公式は，よく使われる公式なので，覚えておくとよい。

例題① 平均の表し方

> あるクラスの女子 14 人の体重の平均が x kg，男子 15 人の体重の平均が y kg のとき，このクラス全員の体重の平均は何 kg ですか。

ポイント 合計＝平均×人数，平均＝合計÷人数

解き方と答え

クラス全員の体重の合計は，$\underset{\text{女子の合計}}{\underline{x \times 14}} + \underset{\text{男子の合計}}{\underline{y \times 15}} = 14x + 15y$ (kg) なので，

クラス全員の体重の平均は，$(14x + 15y) \div (14 + 15) = \dfrac{14x + 15y}{29}$ (kg)

例題② 割合の表し方

> 次の数量を式で表しなさい。
> ❶ 9 L の a 割の量
> ❷ x 円の y %の金額

ポイント 比べる量＝もとになる量×割合

解き方と答え

❶ a 割は $\dfrac{a}{10}$ だから，$9 \times \dfrac{a}{10} = \dfrac{9}{10}a$ (L)

❷ y %は $\dfrac{y}{100}$ だから，$x \times \dfrac{y}{100} = \dfrac{xy}{100}$ (円)

例題③ 速さの表し方

> ❶ x 時間に 20 km 進んだときの速さは時速何 km ですか。
> ❷ a km の道のりを分速 x km の速さで進むと，何時間かかりますか。

ポイント 速さ＝道のり÷時間，時間＝道のり÷速さ

解き方と答え

❶ $20 \div x = \dfrac{20}{x}$ (km/h) **答** 時速 $\dfrac{20}{x}$ km

❷ 分速 x km を時速になおすと，

$x \times 60 = 60x$ (km/h)

よって，$a \div 60x = \dfrac{a}{60x}$ (時間)

Check!
時間は英語で hour と表すので，時速 ○ km は ○ km/h と表される。

part 1 ＋−×÷ 正の数負の数

part 2 ab xy 式と文字

part 3 ?=? 1次方程式

part 4 反比例・比例

part 5 平面図形

part 6 空間図形

part 7 データの整理

| 13 | 数量の表し方② | 33

14. 式の値

① 代入と式の値 ★★

❶ $x = 3$ のとき，$5x$ の値

$$5x$$
$$= 5 \times 3 \quad \text{［} x=3 \text{ を代入する}$$
$$= 15 \quad \leftarrow \text{式の値}$$

❷ $x = -5$ のとき，$3 - 2x$ の値

$$3 - 2x$$
$$= 3 - 2 \times (-5) \quad \text{［} x=-5 \text{ を代入する}$$
$$= 3 + 10 \quad \text{［かっこをつける}$$
$$= 13 \quad \leftarrow \text{式の値}$$

● 式の中の文字を数におきかえることを，文字にその数を代入するという。代入して計算した結果を**式の値**という。

負の数や分数を代入
するときは気をつけよう!

② いろいろな式の値 ★★

❶ $x = \dfrac{1}{3}$ のとき，$2x^2$ の値

$$2x^2 = 2 \times \left(\dfrac{1}{3}\right)^2 \quad \leftarrow \text{かっこをつける}$$

$$= 2 \times \dfrac{1}{9}$$

$$= \dfrac{2}{9}$$

☞ **テストで注意**

かっこをつけずに代入
して，分子だけを
2乗してはいけない。
$2 \times \dfrac{1^2}{3} = 2 \times \dfrac{1}{3} = \dfrac{2}{3}$

❷ $x = 2$，$y = -4$ のとき，$5x + 3y$ の値

$$5x + 3y$$
$$= 5 \times 2 + 3 \times (-4) \quad \leftarrow \text{2つの文字にそれぞれの文字の値を代入する}$$
$$= 10 - 12$$
$$= -2$$

● 累乗のある式へ分数を代入するときはかっこをつける。
● 文字が2種類ある式の値は，2つの文字にそれぞれの文字の値を代入して計算する。

得点 UP! 　負の数や分数は，かっこをつけて代入すれば，計算ミスをふせ
ぐことができる。

例題 ① 式の値 ①

（　）の a の値を式に代入して，式の値を求めなさい。

① $3a + 8$ $(a = -2)$

② $-a + 9$ $(a = -3)$

③ $\dfrac{2}{a} + \dfrac{1}{3}$ $(a = -3)$

④ $\dfrac{6}{a}$ $\left(a = -\dfrac{2}{3}\right)$

ポイント ④ ÷を使った式になおして代入する。

解き方と答え

① $3a + 8 = 3 \times (-2) + 8 = -6 + 8 = 2$

② $-a + 9 = -(-3) + 9 = 3 + 9 = 12$

③ $\dfrac{2}{a} + \dfrac{1}{3} = \dfrac{2}{-3} + \dfrac{1}{3} = -\dfrac{2}{3} + \dfrac{1}{3} = -\dfrac{1}{3}$

④ $\dfrac{6}{a} = 6 \div a = 6 \div \left(-\dfrac{2}{3}\right) = 6 \times \left(-\dfrac{3}{2}\right) = -9$

Check!

$3a$ は $3 \times a$，

$-a$ は $-1 \times a$，

$\dfrac{2}{a}$ は $2 \div a$

のことである。

例題 ② 式の値 ②

① $x = -4$ のとき，$9 - x^2$ の値を求めなさい。

② $x = -2$ のとき，$(-x)^2$ の値を求めなさい。

③ $x = \dfrac{1}{2}$ のとき，$-4x^3$ の値を求めなさい。

④ $x = 3$，$y = -5$ のとき，$-4x - 7y$ の値を求めなさい。

ポイント 符号に注意して計算する。

解き方と答え

① $9 - x^2 = 9 - (-4)^2 = 9 - 16 = -7$

② $\underline{(-x)^2} = \{-(-2)\}^2 = 2^2 = 4$
（　）を｛　｝にして代入する

③ $-4x^3 = -4 \times \left(\dfrac{1}{2}\right)^3 = -4 \times \dfrac{1}{8} = -\dfrac{1}{2}$

④ $-4x - 7y = -4 \times 3 - 7 \times (-5) = -12 + 35 = 23$

part 1 正の数・負の数

part 2 文字と式

part 3 1次方程式

part 4 比例・反比例

part 5 平面図形

part 6 空間図形

part 7 データの整理

14 ｜ 式の値 ｜ 35

15. 1次式の加法と減法

1 項と係数 ★★

❶ $\underset{\text{項}}{\underline{3x}} + 1$　　　係数

❷ $4x - 2y - 3 = \underset{\text{項}}{\underline{4x}} + \underbrace{(-2y)}_{} + \underbrace{(-3)}_{}$　係数

- 加法の記号 + で結ばれた1つ1つの文字式や数を**項**という。
- 文字をふくむ項の数の部分を係数という。
- $3x$や$-2y$のように，文字を1つだけふくむ項を**1次の項**という。
- 1次の項だけの式，または1次の項と数の和で表された式を1次式という。

  例 $5x$，$3x+1$，$4x-2y-3$

2 1次式の加法と減法 ★★★

❶　$(2x+3)+(x-2)$
　　$=2x+3+x-2$　　そのままかっこをはずす
　　$=2x+x+3-2$　　項を並べかえる
　　$=3x+1$　　　　　文字の項，数の項をそれぞれまとめる

❷　$(2x+3)-(x-2)$
　　$=2x+3-x+2$　　ひく式の各項の符号を変えてかっこをはずす
　　$=2x-x+3+2$　　項を並べかえる
　　$=x+5$　　　　　文字の項，数の項をそれぞれまとめる

- 文字の部分が同じ項は，$mx+nx=(m+n)x$と，まとめて計算することができる。また，文字の項と数の項が混じった式は，文字が同じ項どうし，数の項どうし をそれぞれまとめる。

  例 $4x+1+3x-6=4x+3x+1-6=(4+3)x+(1-6)=7x-5$
- （　）の前が+のときは，そのままかっこをはずす。（　）の前が-のときは，（　）の中の各項の符号を変えてかっこをはずす。

part 1 正負の数 ×÷

part 2 文字と式 ab xy

part 3 1次 方程式

part 4 比例・反比例

part 5 平面 図形

part 6 空間 図形

part 7 データの 整理

得点 UP! 項を並べかえるときや，かっこをはずすときに，符号をまちがえることが多いので注意する。

例題① 項と係数

次の式の項と，文字をふくむ項の係数を答えなさい。

① $-a-8$　　　　　② $3x+7xy-12$

ポイント 加法だけの式になおして調べる。

解き方と答え

① $-a-8=-a+(-8)$ だから，この式の項は $-a$，-8

　$-a=(-1)\times a$ だから，a の係数は -1

② $3x+7xy-12=3x+7xy+(-12)$ だから，

　この式の項は $3x$，$7xy$，-12

　$3x=3\times x$ だから，x の係数は 3

　$7xy=7\times xy$ だから，xy の係数は 7

例題② 1次式の加法と減法

次の計算をしなさい。

① $4a-9a$　　　　　② $8a-6-a+11$

③ $5x+(-x+5)$　　④ $-6x-(2x-1)$

⑤ $(3x-5)+(-x+3)$　⑥ $(3x-1)-(-2x+7)$

ポイント かっこをはずすときは符号に注意する。

解き方と答え

① $4a-9a=(4-9)a=-5a$

② $8a-6-a+11=8a-a-6+11=(8-1)a+(-6+11)=7a+5$

③ $5x+(-x+5)=5x-x+5=4x+5$

④ $-6x-(2x-1)=-6x-2x+1=-8x+1$

⑤ $(3x-5)+(-x+3)=3x-5-x+3$

　$=3x-x-5+3=2x-2$

⑥ $(3x-1)-(-2x+7)=3x-1+2x-7$

　$=3x+2x-1-7=5x-8$

> ☝ テストで注意
>
> 後ろの項の符号の変え忘れに注意する。
>
> ④ $-6x-(2x-1)$
>
> $=-6x-2x>1$

16. 1次式と数の乗法と除法

① 1次式と数の乗法 ★★★

$$2(2x+3) = \overset{①}{2 \times 2x} + \overset{②}{2 \times 3}$$

$$= 4x + 6$$

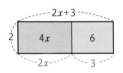

- 文字式と数の乗法は，数どうしの積に文字をかける。

  例 $2x \times 4 = 2 \times x \times 4 = 2 \times 4 \times x = 8x$

- $2(2x+3)$ のような，項が2つの1次式と数の乗法は，

  分配法則 $a(b+c)=ab+ac$ を用いて計算する。

かけ忘れに
注意しよう!

② 1次式と数の除法 ★★★

❶ 各項を数でわる方法

$$(4x+8) \div 2$$

$$= \frac{4x}{2} + \frac{8}{2}$$

$$= 2x + 4$$

❷ わる数の逆数をかける方法

$$(4x+8) \div 2$$

わる数の逆数を
かける

$$= (4x+8) \times \frac{1}{2}$$

$$= 4x \times \frac{1}{2} + 8 \times \frac{1}{2}$$

$$= 2x + 4$$

- 文字式と数の除法は，分数の形にして数どうしで約分する。または，わる数の逆数をかける。

  例 $8x \div 4 = \dfrac{8x}{4} = 2x$

  $8x \div 4 = 8x \times \dfrac{1}{4} = 8 \times \dfrac{1}{4} \times x = 2x$

- $(4x+8) \div 2$ のような，項が2つの1次式と数の除法は，1次式の各項を数でわる。または，1次式にわる数の逆数をかける。

得点 **UP!** 1次式と数の除法は，わる数の逆数をかければ，1次式と数の乗法と同じように分配法則を用いて計算できる。

part
1
÷
×
負の数
正の数

part
2
a b
x y
式文字と

part
3
●=●
方1
程次
式

part
4
比
例
反比例・

part
5
△
図平
形面

part
6
◇
図空
形間

part
7
□
整
理
データの

例題 ① 1次式と数の乗法

次の計算をしなさい。

① $5 \times (-9a)$

② $2(-x+3)$

③ $-3(2x-1)$

④ $-(3x-2)$

⑤ $\dfrac{1}{2}(4x-6)$

ポイント 分配法則を用いて，かっこをはずす。

解き方と答え

① $5 \times (-9a) = 5 \times (-9) \times a = -45a$

② $2(-x+3) = 2 \times (-x) + 2 \times 3 = -2x+6$

③ $-3(2x-1) = -3 \times 2x + (-3) \times (-1) = -6x+3$

④ $-(3x-2) = (-1) \times 3x + (-1) \times (-2) = -3x+2$

⑤ $\dfrac{1}{2}(4x-6) = \dfrac{1}{2} \times 4x + \dfrac{1}{2} \times (-6) = 2x-3$

例題 ② 1次式と数の除法

次の計算をしなさい。

① $(-20a) \div 4$

② $(10x-15) \div 5$

③ $\left(-x+\dfrac{2}{3}\right) \div 2$

④ $(6x-9) \div \left(-\dfrac{3}{2}\right)$

ポイント ③④ わる数の逆数をかけて，分配法則を用いる。

解き方と答え

① $(-20a) \div 4 = -\dfrac{20a}{4} = -5a$

② $(10x-15) \div 5 = \dfrac{10x}{5} - \dfrac{15}{5} = 2x-3$

③ $\left(-x+\dfrac{2}{3}\right) \div 2 = \left(-x+\dfrac{2}{3}\right) \times \dfrac{1}{2} = -x \times \dfrac{1}{2} + \dfrac{2}{3} \times \dfrac{1}{2} = -\dfrac{1}{2}x + \dfrac{1}{3}$

④ $(6x-9) \div \left(-\dfrac{3}{2}\right) = (6x-9) \times \left(-\dfrac{2}{3}\right) = -4x+6$

17. いろいろな１次式の計算

① かっこのある式の計算 ★★

$$2(x+1)+3(x-1)$$
$$=2x+2+3x-3$$
$$=5x-1$$

分配法則を使ってかっこをはずす
文字の項，数の項をそれぞれまとめる

● かっこのある式の計算は，分配法則を使ってかっこをはずし，文字の項，数の項をそれぞれまとめる。

② 分数の形の式の計算 ★★

❶
$$\frac{3x-2}{2} \times 4$$
$$=\frac{(3x-2)\times 4}{2}$$
$$=(3x-2)\times 2$$
$$=6x-4$$

分子の式に数をかける
分母とかける数で約分する
分配法則を使う

Check!

$$\frac{3x-2}{2}\times 4$$
$$=(3x-2)\times\frac{1}{2}\times 4$$

とみることもできる。

❷
$$\frac{x+1}{2}-\frac{x-2}{3}$$
$$=\frac{3(x+1)-2(x-2)}{6}$$
$$=\frac{3x+3-2x+4}{6}$$
$$=\frac{x+7}{6}$$

２と３の最小公倍数６で通分する
分配法則を使う

● ❶のような分数の形の式と数の乗法では，分母とかける数で約分する。
● ❷のような分数の形の式の加減は，まず通分し，１つの分数にして計算する。または，❶と同じ形になおして計算することもできる。

例　$\dfrac{x+1}{2}-\dfrac{x-2}{3}=\dfrac{1}{2}(x+1)-\dfrac{1}{3}(x-2)=\dfrac{1}{2}x+\dfrac{1}{2}-\dfrac{1}{3}x+\dfrac{2}{3}=\dfrac{1}{6}x+\dfrac{7}{6}$

得点 UP! 分子の式に数をかけるときは，かっこをつけるのを忘れないようにする。

例題 ① かっこのある式の計算

次の計算をしなさい。

① $-6(2x-5)-5(2x-4)$ ② $\dfrac{1}{3}(3x-6)+\dfrac{2}{5}(10x-15)$

ポイント 分配法則を使って，かっこをはずして計算する。

解き方と答え

① $-6(2x-5)-5(2x-4) = -12x+30-10x+20 = -22x+50$

② $\dfrac{1}{3}(3x-6)+\dfrac{2}{5}(10x-15) = x-2+4x-6 = 5x-8$

例題 ② 分数の形の式の計算

次の計算をしなさい。

① $\dfrac{5a-2}{3}\times 9$ ② $-12\times\dfrac{2x+1}{6}$

③ $\dfrac{x+3}{3}+\dfrac{x-1}{4}$ ④ $\dfrac{2x-1}{3}-\dfrac{x-3}{2}$

ポイント ③④ 分母の最小公倍数で通分して計算する。

解き方と答え

① $\dfrac{5a-2}{3}\times 9 = \dfrac{(5a-2)\times 9}{3} = (5a-2)\times 3 = 15a-6$

② $-12\times\dfrac{2x+1}{6} = \dfrac{-12\times(2x+1)}{6} = -2(2x+1) = -4x-2$

③ $\dfrac{x+3}{3}+\dfrac{x-1}{4} = \dfrac{4(x+3)+3(x-1)}{12}$

$= \dfrac{4x+12+3x-3}{12} = \dfrac{7x+9}{12}$

④ $\dfrac{2x-1}{3}-\dfrac{x-3}{2} = \dfrac{2(2x-1)-3(x-3)}{6}$

$= \dfrac{4x-2-3x+9}{6} = \dfrac{x+7}{6}$

👆 テストで注意

②で $\dfrac{2x+1}{6} = \dfrac{2x}{6}+\dfrac{1}{6}$

だから，$\dfrac{\overset{1}{2x+1}}{\underset{3}{6}}$ と約分

することはできない。

18. 関係を表す式

① 等式・不等式 ★★★

❶ 等式

$$\underset{\substack{\text{左辺}}}{\underline{3x}} \overset{\overset{\text{等号}}{\downarrow}}{=} \underset{\substack{\text{右辺}}}{\underline{x+5}}$$

└両辺┘

❷ 不等式

$$\underset{\substack{\text{左辺}}}{\underline{3x}} \overset{\overset{\text{不等号}}{\downarrow}}{>} \underset{\substack{\text{右辺}}}{\underline{x+5}}$$

└両辺┘

- 数量の間の関係を，等号を使って表した式を**等式**といい，不等号を使って表した式を**不等式**という。
- 等号や不等号のそれぞれの左の部分を**左辺**，右の部分を**右辺**，合わせて両辺という。
- 不等号の表し方
  ① a は b より大きい…$a > b$
  ② a は b より小さい(a は b 未満)…$a < b$
  ③ a は b 以上…$a \geqq b$　　④ a は b 以下…$a \leqq b$

② 文字を使った公式 ★★

❶ 長方形の面積 S

$$S = ab$$

❷ 正方形の面積 S

$$S = a^2$$

❸ 三角形の面積 S

$$S = \frac{1}{2}ah$$

❹ 平行四辺形の面積 S

$$S = ah$$

❺ 直方体の体積 V

$$V = abc$$

❻ 立方体の体積 V

$$V = a^3$$

得点 UP! 数量を表す式には単位をつけるが、等式や不等式には単位をつけてはいけない。

例題① 等式・不等式

❶ x を 4 倍して 5 をひいた数は、y と等しい。

❷ 1 個 a 円の品物 6 個と 1 個 210 円の品物 b 個を買ったら、代金は 1500 円未満だった。

❸ 弟の所持金 x 円は、姉の所持金 y 円の半分より 200 円少ない金額である。

❹ 毎時 a km の速さで 10 km の道のりを歩くと、b 時間以上かかった。

ポイント 等しい関係は等号、大小関係は不等号で結ぶ。

解き方と答え

❶ x を 4 倍して 5 をひいた数は $4x-5$ だから、$4x-5=y$

❷ 1 個 a 円の品物 6 個の代金は $6a$ 円、1 個 210 円の品物 b 個の代金は $210b$ 円だから、$6a+210b<1500$

❸ 姉の所持金の半分は $y \div 2 = \dfrac{y}{2}$（円）だから、$x = \dfrac{y}{2} - 200$

❹ 道のり ÷ 速さ = 時間 だから、毎時 a km の速さで 10 km の道のりを歩いたときにかかる時間は、$10 \div a = \dfrac{10}{a}$（時間）

よって、$\dfrac{10}{a} \geqq b$

例題② 文字を使った公式

半径 r cm の円について、次の公式をつくりなさい。ただし、円周率は π を用いなさい。

❶ 円周の長さ ℓ cm を求める公式　❷ 円の面積 S cm² を求める公式

ポイント 円周=直径×円周率、円の面積=半径×半径×円周率

解き方と答え

❶ 円周=直径×円周率 だから、$\ell = r \times 2 \times \pi = 2\pi r$

❷ 円の面積=半径×半径×円周率 だから、$S = r \times r \times \pi = \pi r^2$

part 1 ×÷ 正負の数・

part 2 ab xy 文字と式

part 3 ■=■ 1次方程式

part 4 ⚘ 比例・反比例

part 5 △ 平面図形

part 6 ▱ 空間図形

part 7 ▢ データの整理

📝 まとめテスト

□❶ 次の式を，記号×，÷を省略して書きなさい。

① $0.01 \times x \times y$

② $a \times (-1) \div b \times c$

③ $2 \times (x+2) \times (x+2)$

④ $m \div 4 - 3 \div n$

□❷ 次の数量を，式で表しなさい。

① x 円のケーキと y 円の飲み物を 1 人 1 つずつ，5 人分買ったときの代金の合計

② a の 7 倍した数と，b を 3 でわった数の和

③ 百の位が a，十の位が b，一の位が 5 の 3 けたの自然数

④ 連続する 3 つの偶数のうちいちばん大きい数を n としたときのいちばん小さい数

⑤ あるクラスの女子 12 人のテストの平均が x 点で，クラス全員の 28 人のテストの平均が y 点であるときのクラスの男子の平均点

⑥ 分速 a m で t 時間進んだ道のり（単位 km）

⑦ x % の食塩水 100 g と y % の食塩水 200 g を混ぜたときの食塩水の濃度

□❸ $x = -2$，$y = \dfrac{1}{2}$ のとき，次の式の値を求めなさい。

① $3x + 6y$

② $5 + x^3 y$

③ $-\dfrac{x}{3} + \dfrac{1}{x}$

④ $5x + \dfrac{1}{y}$

解答

❶ ① $0.01xy$

② $-\dfrac{ac}{b}$

③ $2(x+2)^2$

④ $\dfrac{m}{4} - \dfrac{3}{n}$

❷ ① $(5x + 5y)$ 円

② $7a + \dfrac{b}{3}$

③ $100a + 10b + 5$

④ $n - 4$

⑤ $\dfrac{28y - 12x}{16}$ 点

⑥ $\dfrac{3}{50} at$ km

⑦ $\dfrac{x + 2y}{3}$ %

解き方 ⑦ 溶けている食塩は

$\dfrac{x}{100} \times 100 + \dfrac{y}{100} \times 200$

$= x + 2y$ (g) なので，

$(x + 2y) \div 300 \times 100$

$= \dfrac{x + 2y}{3}$

❸ ① -3

② 1

③ $\dfrac{1}{6}$

④ -8

解き方 ④ $\dfrac{1}{y}$ は y の逆

数なので，2 になる。

□④ 次の式の項と，文字をふくむ項の係数を答えなさい。

① $2a + b$　　② $x^2 + 3x - 7$

次の⑤〜⑭の計算をしなさい。

□⑤ $a + 5 + 2a$

□⑥ $(2x - 4) + 3x$

□⑦ $-\dfrac{1}{2}m - (0.5m + 2)$

□⑧ $12 \times 4x$

□⑨ $-2(a - 3)$

□⑩ $27x \div (-18)$

□⑪ $-(x + 2) + (x - 2)$

□⑫ $2(2x - 3) - 3\left(\dfrac{5}{3}x - 2\right)$

□⑬ $\dfrac{3x - 4}{12} \times 36$

□⑭ $\dfrac{a + 1}{2} - \dfrac{3a - 5}{4}$

□⑮ 次の数量の関係を等式，または不等式で表しなさい。

① x を 6 倍して 2 ひいた数は，y と等しい。

② 22 個のお菓子を x 人に分けると 1 人に 4 個ずつ配ることができ，b 個余った。

③ あるクラス a 人が長いす y 脚に 5 人ずつ座ると，何人かは座れなかった。

④ 右の円柱の体積は $V\,\mathrm{cm}^3$ である。

rcm
3cm

---

④ ① 項 $2a$, b

　 a の係数 2

　 b の係数 1

② 項 x^2, $3x$, -7

　 x^2 の係数 1

　 x の係数 3

⑤ $3a + 5$

⑥ $5x - 4$

⑦ $-m - 2$

⑧ $48x$

⑨ $-2a + 6$

⑩ $-\dfrac{3}{2}x\ \left(-\dfrac{3x}{2}\right)$

⑪ -4

⑫ $-x$

⑬ $9x - 12$

⑭ $\dfrac{-a + 7}{4}$

解き方 通分して計算する。

$\dfrac{2(a + 1) - (3a - 5)}{4}$

$= \dfrac{2a + 2 - 3a + 5}{4}$

$= \dfrac{-a + 7}{4}$

⑮ ① $6x - 2 = y$

② $4x + b = 22$

③ $a > 5y$

④ $3\pi r^2 = V$

解き方 ③ 座れない人がいるのでクラスの人数のほうが座る人数より多い。よって，不等号を使う。

part 1 ＋－×÷ 正負の数

part 2 ab xy 文字と式

part 3 ÷÷ 1次方程式

part 4 比例・反比例

part 5 平面図形

part 6 空間図形

part 7 データの整理

月　日

19. 方程式と等式の性質

① 方程式とその解 ★

方程式
$$3x + 1 = 10$$
まだわかっていない数

解く →

解
$$x = 3$$

● まだわかっていない数を表す文字をふくむ等式を**方程式**という。
● 方程式を成り立たせる文字の値を，その方程式の解という。また，その解を求めることを方程式を解くという。

求めた解を代入すると
方程式は成り立つ

② 等式の性質 ★★

❶ $A = B$ ならば，$A + C = B + C$
❷ $A = B$ ならば，$A - C = B - C$

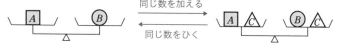

同じ数を加える
同じ数をひく

❸ $A = B$ ならば，$AC = BC$
❹ $A = B$ ならば，$\dfrac{A}{C} = \dfrac{B}{C}$　$(C \neq 0)$

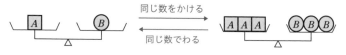

同じ数をかける
同じ数でわる

● 等式には次のような性質がある。
　① 等式の両辺に同じ数を加えても，等式は成り立つ。
　② 等式の両辺から同じ数をひいても，等式は成り立つ。
　③ 等式の両辺に同じ数をかけても，等式は成り立つ。
　④ 等式の両辺を同じ数でわっても，等式は成り立つ。

得点 UP！ 方程式の解を求めたら，その解をもとの方程式に代入して，
方程式が成り立つかどうか調べるとよい。

例題 ① 方程式とその解

次の方程式のうち，$x = -2$ が解であるのはどれですか。

ア $3x + 2 = 2 - x$　　イ $3x - 2 = 4x$　　ウ $x - 8 = 4x - 2$

ポイント 代入して，左辺＝右辺 となるものを選ぶ。

解き方と答え

ア 左辺 $= 3 \times (-2) + 2 = -4$，右辺 $= 2 - (-2) = 4$

イ 左辺 $= 3 \times (-2) - 2 = -8$，右辺 $= 4 \times (-2) = -8$

ウ 左辺 $= -2 - 8 = -10$，右辺 $= 4 \times (-2) - 2 = -10$

答 イ，ウ

例題 ② 等式の性質

等式の性質を使って，次の方程式を解きなさい。

① $x - 9 = -7$　　　　　　② $5 + x = -8$

③ $\dfrac{x}{5} = 12$　　　　　　　④ $7x = -21$

ポイント 方程式の左辺を x だけにする。

解き方と答え

① $x - 9 = -7$ 　両辺に 9 を加える
$x - 9 + 9 = -7 + 9$
$x = 2$

② $5 + x = -8$ 　両辺から 5 をひく
$5 + x - 5 = -8 - 5$
$x = -13$

③ $\dfrac{x}{5} = 12$ 　両辺に 5 をかける
$\dfrac{x}{5} \times 5 = 12 \times 5$
$x = 60$

④ $7x = -21$ 　両辺を 7 でわる
$\dfrac{7x}{7} = \dfrac{-21}{7}$
$x = -3$

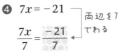

part 1 正負の数 ×÷

part 2 文字と式 ab xy

part 3 1次方程式

part 4 比例・反比例

part 5 平面図形

part 6 空間図形

part 7 データの整理

19 | 方程式と等式の性質 | 47

20. 方程式の解き方

① 移項(いこう)★★

❶ $x - 3 = 9$

$x = 9 + 3$ ← 符号(ふごう)を変える

移項

❷ $5x = 4x - 10$

$5x - 4x = -10$ ← 符号を変える

移項

● 等式では，一方の辺の項を，符号を変えて他方の辺に移すことができる。このことを**移項**という。

● 等式の両辺を入れかえても，等式は成り立つ。

例 $-2x - 5 = 3x \rightarrow 3x = -2x - 5$

② 方程式の解き方 ★★★

❶ $3x - 7 = 5$

$3x = 5 + 7$ ← 数の項を右辺に移項する

$3x = 12$ ← $ax = b$ の形にする

$x = 4$ ← 両辺を x の係数3でわる

❷ $4x - 3 = 8x + 5$

$4x - 8x = 5 + 3$ ← x をふくむ項を左辺に，数の項を右辺に移項する

$-4x = 8$ ← $ax = b$ の形にする

$x = -2$ ← 両辺を x の係数-4でわる

● 方程式を解く手順

① x をふくむ項を左辺に，数の項を右辺に移項する。

② $ax = b$ の形にする。

③ 両辺を x の係数 a でわる

● これまでに学んだ方程式は，移項して整理すると，（1次式）＝0 の形に変形できる。このような方程式を **1次方程式** という。

得点 UP! 文字をふくむ項も数の項と同じように，符号を変えて移項することができる。

part
1
＋－×÷
負の数
正の数・

part
2
$\frac{ab}{xy}$
式文字と

part
3
方程式
1次

part
4
比例・
反比例

part
5
図形
平面

part
6
図形
空間

part
7
整理
データの

例題① 方程式の解き方

次の方程式を解きなさい。

① $3x+7=-5$　　　　　　② $4=24-5x$

③ $7x=3x-4$　　　　　　④ $x-36=2x$

⑤ $4x-2=2x+6$　　　　　⑥ $3x+7=5x-3$

⑦ $-5x+1=15+2x$　　　　⑧ $8-10x=-2x+9$

ポイント x をふくむ項は左辺に，数の項は右辺に移項する。

解き方と答え

① $3x+7=-5$　　　┐ 7を移項
　$3x=-5-7$　　　┘ する
　$3x=-12$
　$x=-4$

② $4=24-5x$　　　┐ 4と-5xを
　$5x=24-4$　　　┘ 移項する
　$5x=20$
　$x=4$

③ $7x=3x-4$　　　┐ 3xを移項
　$7x-3x=-4$　　┘ する
　$4x=-4$
　$x=-1$

④ $x-36=2x$　　　┐ -36と2xを
　$x-2x=36$　　　┘ 移項する
　$-x=36$
　$x=-36$

⑤ $4x-2=2x+6$　　┐ -2と2xを
　$4x-2x=6+2$　　┘ 移項する
　$2x=8$
　$x=4$

⑥ $3x+7=5x-3$　　┐ 7と5xを
　$3x-5x=-3-7$　┘ 移項する
　$-2x=-10$
　$x=5$

⑦ $-5x+1=15+2x$　┐ 1と2xを
　$-5x-2x=15-1$　┘ 移項する
　$-7x=14$
　$x=-2$

⑧ $8-10x=-2x+9$　┐ 8と-2xを
　$-10x+2x=9-8$　┘ 移項する
　$-8x=1$
　$x=-\dfrac{1}{8}$

テストで注意

移項するときは符号の変え忘れに，くれぐれも注意する。

21. いろいろな方程式 ①

1 かっこのある方程式の解き方 ★★

$5(x-4) = 4+x$

$5x-20 = 4+x$　← かっこをはずす

$5x-x = 4+20$　← x をふくむ項を左辺に，数の項を右辺に移項する

$4x = 24$　← $ax=b$ の形にする

$x = 6$　← 両辺を x の係数 4 でわる

● かっこのある方程式を解くときは，分配法則を用いて，かっこをはずしてから，その方程式を解く。

2 小数をふくむ方程式の解き方 ★★

$0.2x+2.5 = 0.5x+5.8$

$(0.2x+2.5) \times 10 = (0.5x+5.8) \times 10$　← 両辺を 10 倍する

$2x+25 = 5x+58$

$2x-5x = 58-25$　← x をふくむ項を左辺に，数の項を右辺に移項する

$-3x = 33$　← $ax=b$ の形にする

$x = -11$　← 両辺を x の係数 -3 でわる

Check!

小数のままでも解は求められるが計算をまちがえやすい。

● 係数に小数をふくむ方程式を解くときは，10，100，…などを両辺にかけて，係数を整数になおし，小数をふくまない形にしてから解く。

得点↑UP!　　小数をふくむ方程式は，小数の位が，小数第1位までのときは10倍，小数第2位までのときは100倍すればよい。

part 1 ＋−×÷ 正の数・負の数

part 2 *ab* *xy* 文字と式

part 3 ●＝● 1次方程式

part 4 反比例・比例

part 5 △ 平面図形

part 6 ◇ 空間図形

part 7 □ データの整理

例題 ① かっこのある方程式の解き方

次の方程式を解きなさい。

① $3x - 8 = -2(x - 3)$　　　② $4(x + 1) = 3(x + 1)$

ポイント 分配法則を用いて，かっこをはずす。

解き方と答え

① $3x - 8 = -2(x - 3)$
$3x - 8 = -2x + 6$
$3x + 2x = 6 + 8$
$5x = 14$
$x = \dfrac{14}{5}$

② $4(x + 1) = 3(x + 1)$
$4x + 4 = 3x + 3$
$4x - 3x = 3 - 4$
$x = -1$

例題 ② 小数をふくむ方程式の解き方

次の方程式を解きなさい。

① $0.3x + 1.7 = 0.7x - 0.3$　　　② $0.04x + 1.2 = 0.06x + 1.8$

③ $0.4(x - 3) = 0.3(x + 2)$

ポイント 両辺に 10，100，……をかけて，係数を整数になおす。

解き方と答え

① $0.3x + 1.7 = 0.7x - 0.3$
　両辺を 10 倍して，
　$3x + 17 = 7x - 3$
　$-4x = -20$
　$x = 5$

② $0.04x + 1.2 = 0.06x + 1.8$
　両辺を 100 倍して，
　$4x + 120 = 6x + 180$
　$-2x = 60$
　$x = -30$

③ $0.4(x - 3) = 0.3(x + 2)$ ← 両辺を 10 倍する
　$4(x - 3) = 3(x + 2)$ ← かっこをはずす
　$4x - 12 = 3x + 6$
　$4x - 3x = 6 + 12$
　$x = 18$

22. いろいろな方程式 ②

① 分数をふくむ方程式の解き方 ★★★

$$\frac{1}{2}x - 3 = \frac{2}{3}x + 1$$

分母の最小公倍数をかける

$$\left(\frac{1}{2}x - 3\right) \times 6 = \left(\frac{2}{3}x + 1\right) \times 6$$

$$3x - 18 = 4x + 6$$

x をふくむ項を左辺に，
数の項を右辺に移項する

$$3x - 4x = 6 + 18$$

$ax = b$ の形にする

$$-x = 24$$

両辺を x の係数 -1 でわる

$$x = -24$$

● 係数に分数をふくむ方程式を解くときは，分母の最小公倍数を両辺にかけて，係数を整数になおし，分数をふくまない形に変形してから解く。また，このように変形することを**分母をはらう**という。

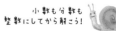

小数も分数も
整数にしてから解こう！

② 比例式の解き方 ★★

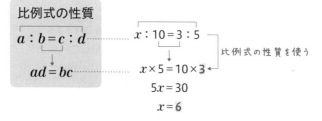

比例式の性質

$$a : b = c : d$$

$$ad = bc$$

$$x : 10 = 3 : 5$$

↓

$$x \times 5 = 10 \times 3$$

比例式の性質を使う

$$5x = 30$$

$$x = 6$$

● $a : b = c : d$ のような比が等しいことを表す式を**比例式**という。
● 比例式にふくまれる文字の値を求めることを**比例式を解く**という。
● 比例式の性質「$a : b = c : d$ ならば，$ad = bc$」を使って，比例式を解くことができる。

part 1 ×÷ 正の数・負の数

part 2 *ab xy* 文字と式

part 3 ‼=‼ 1次方程式

part 4 ∦ 比例・反比例

part 5 △ 平面図形

part 6 ⬡ 空間図形

part 7 📖 データの整理

得点 UP! 比例式は「内側どうし，外側どうしをかけたものが等しくなる」と覚えておくとよい。

例題 ① 分数をふくむ方程式の解き方

次の方程式を解きなさい。

❶ $\dfrac{2}{3}x - 1 = \dfrac{3}{8}x - \dfrac{1}{4}$

❷ $\dfrac{2x-1}{3} + \dfrac{x-3}{4} = 1$

ポイント 両辺に分母の最小公倍数をかけて，係数を整数になおす。

解き方と答え

❶ $\dfrac{2}{3}x - 1 = \dfrac{3}{8}x - \dfrac{1}{4}$ ⟵ 両辺に24をかける

$16x - 24 = 9x - 6$

$7x = 18$

$x = \dfrac{18}{7}$

> **テストで注意**
> 整数部分のかけ忘れに注意する。
> $\left(\dfrac{2}{3}x - 1\right) \times 24$
>
> $= 16x - 1$

❷ $\dfrac{2x-1}{3} + \dfrac{x-3}{4} = 1$ ⟵ 両辺に12をかける

$4(2x-1) + 3(x-3) = 12$ ⟵ かっこをつける

$8x - 4 + 3x - 9 = 12$

$11x = 25$

$x = \dfrac{25}{11}$

例題 ② 比例式の解き方

次の比例式を解きなさい。

❶ $4 : x = 2 : 5$

❷ $3 : x = 2 : (x-1)$

ポイント $a : b = c : d$ ならば，$ad = bc$ を使う。

解き方と答え

❶ $4 : x = 2 : 5$

$x \times 2 = 4 \times 5$

$2x = 20$

$x = 10$

❷ $3 : x = 2 : (x-1)$

$3 \times (x-1) = x \times 2$

$3x - 3 = 2x$

$x = 3$

月　　日

23. 方程式の利用 ①

1 解から文字の値(あたい)を求める問題 ★★

問 1次方程式 $8 - ax = 7x + a$ の解が $x = 4$ であるとき, a の値を求めなさい。

解 $x = 4$ を $8 - ax = 7x + a$ に代入すると,

$8 - 4a = 28 + a$

これを a について解くと,

$a = -4$

> 方程式に解を代入。
> ↓
> a についての方程式とみて解く。

2 代金の問題 ★★★

問 りんご5個とみかん8個を買って, 1230円はらった。みかん1個の値段は60円である。りんご1個の値段を求めなさい。

解 りんご1個の値段を x 円とすると, 次の図のように表すことができる。

りんごの代金　みかんの代金
- - - 5x円 - - - - - - 60×8円 - - -
- - - - - - 1230円 - - - - - -
代金

よって, $5x + 60 \times 8 = 1230$

これを解くと, $x = 150$

この解は問題に適している。

答 150円

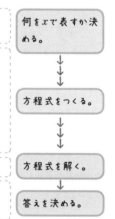

> 何を x で表すか決める。
> ↓
> 方程式をつくる。
> ↓
> 方程式を解く。
> ↓
> 答えを決める。

● 方程式を使って問題を解く手順は,

① 問題の内容を整理して, 何を x で表すか決める。

② 等しい関係にある数量を見つけて, 方程式をつくる。

③ 方程式を解く。

④ 解が問題に適しているかどうか確かめ, 答えを決める。

得点 **UP!** 問題文の中の数量関係を理解しにくいときは、表や線分図などに表すとよい。

part 1 +−×÷ 正負の数

part 2 ab xy 文字と式

part 3 =:= 1次方程式

part 4 比例・反比例

part 5 平面図形

part 6 空間図形

part 7 データの整理

例題 ① **解から文字の値を求める問題**

方程式 $ax - 12 = 4x + a$ の解が $x = -7$ であるとき、a の値を求めなさい。

ポイント 方程式に解を代入し、a についての方程式を解く。

解き方と答え

方程式に $x = -7$ を代入すると、$a \times (-7) - 12 = 4 \times (-7) + a$

$$-7a - 12 = -28 + a$$

これを a について解くと、$-8a = -16$ $a = 2$

何が等しくなるのか考えよう!

例題 ② **代金の問題**

1本 110 円のお茶と、1本 140 円のジュースを合わせて 17 本買ったら、代金の合計は 2140 円だった。お茶とジュースをそれぞれ何本ずつ買いましたか。

ポイント お茶の代金＋ジュースの代金＝代金の合計

解き方と答え

お茶の本数を x 本とすると、次の表のように整理できる。

	お茶	ジュース	合計
1本の値段(円)	110	140	
本数(本)	x	$17 - x$	17
代金(円)	$110x$	$140(17 - x)$	2140

よって、$110x + 140(17 - x) = 2140$

両辺を 10 でわると、$11x + 14(17 - x) = 214$

これを解くと、$x = 8$

したがって、お茶は 8 本、ジュースは $17 - 8 = 9$(本)

これは問題に適している。　　　　　　　　答 **お茶 8 本、ジュース 9 本**

24. 方程式の利用 ②

① 過不足の問題★★
（か ふ そく）

問 何人かの生徒に，鉛筆を5本ずつ配ると8本余り，6本ずつ配ると3本たりない。生徒の人数を求めなさい。
（えんぴつ）

解 生徒の人数を x 人として，鉛筆の本数を2通りの式で表す。

5本ずつ配ると8本余るので，

$(5x+8)$ 本

6本ずつ配ると3本たりないので，$(6x-3)$ 本

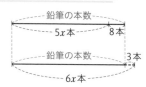

よって，$5x+8=6x-3$

これを解くと，$x=11$

この解は問題に適している。

答 11人

② 答えの表し方を考える問題★★

問 8か月前から毎月兄は600円，弟は400円ずつ貯金しており，現在兄は6000円，弟は3200円あるという。兄の貯金額が弟の貯金額の2倍になるのはいつですか。

解 x か月後に兄の貯金額が弟の貯金額の2倍になるとする。

x か月後の兄の貯金額は，

$(6000+600x)$ 円

x か月後の弟の貯金額は，

$(3200+400x)$ 円

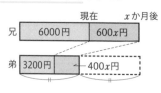

よって，$6000+600x=2(3200+400x)$

これを解くと，$x=-2$

-2 か月後は2か月前のことだから，この解は問題に適している。

答 2か月前

得点 UP! 方程式の文章題では，求める数量を x とすることが多いが，求める数量以外のものを x としたほうがよい場合もある。

例題① 過不足の問題

あめを何人かの子どもに配るのに，1 人に 4 個ずつ配ると 6 個余り，1 人に 5 個ずつ配ると 3 個たりない。あめの個数を求めなさい。

ポイント 子どもの人数を x 人とする。

解き方と答え

子どもの人数を x 人として，あめの個数を 2 通りの式で表す。

1 人に 4 個ずつ配ると 6 個余るので，$(4x+6)$ 個

1 人に 5 個ずつ配ると 3 個たりないので，$(5x-3)$ 個

よって，$4x+6=5x-3$

これを解くと，$x=9$

子どもの人数が 9 人だから，あめの個数は，$4 \times 9 + 6 = 42$（個）

これは問題に適している。   **答 42 個**

例題② 答えの表し方を考える問題

現在，母は 43 歳で，子は 13 歳である。母の年齢が子の年齢の 6 倍になるのはいつですか。

ポイント 解を問題に適するようにいいかえる。

解き方と答え

現在から x 年後に母の年齢が子の年齢の 6 倍になるとする。

x 年後の母の年齢は $(43+x)$ 歳，

x 年後の子の年齢は $(13+x)$ 歳だから，

$(43+x)=6(13+x)$

これを解くと，$x=-7$

−7 年後は 7 年前のことだから，母は 36 歳，子は 6 歳のときである。

これは問題に適している。

                                          答 7 年前

part 1 ＋×÷ 正の数 負の数
part 2 ab xy 式と文字
part 3 ＝ 方程式 1次
part 4 ✕ 反比例・比例
part 5 △ 平面図形
part 6 ☐ 空間図形
part 7 📖 データの整理

25. 方程式の利用 ③

1 速さの問題 ★★★

問 弟が1500 m 離れた図書館へ向かって，家を出発した。それから9分後に姉は家を出発し，弟を追いかけた。弟は分速80 m，姉は分速200 m で進むものとすると，姉は家を出てから何分後に弟に追いつきますか。

解 姉が家を出てから x 分後に弟に追いつくとすると，

右の図より，弟が歩いた時間は，

$(9+x)$ 分

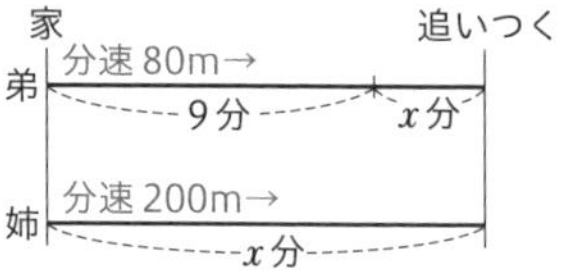

道のり＝速さ×時間 だから，

姉が進んだ道のりは，$200x$ m

弟が進んだ道のりは，$80(9+x)$ m

これらを表に整理すると，次のようになる。

	姉	弟
速さ(m/min)	200	80
時間(分)	x	$9+x$
道のり(m)	$200x$	$80(9+x)$

姉が弟に追いつくとき，

姉の進んだ道のり＝弟の進んだ道のり だから，

$200x = 80(9+x)$

両辺を 10 でわると，$20x = 8(9+x)$

これを解くと，$x=6$

6 分後に追いつくとすると，2 人が進んだ道のりは，$200×6 = 1200$ (m)

これは家から図書館までの道のり 1500 m よりも短いから，問題に適している。　**答　6分後**

> 解が問題に適しているかどうか確かめる。

得点 UP! 速さの問題では，道のりを x として時間についての方程式をつくるか，時間を x として道のりについての方程式をつくることが多い。

例題 ① 速さの問題①

A 地から B 地まで，時速 4 km で歩いていくと，時速 12 km で自転車に乗っていくよりも 1 時間半多く時間がかかった。A 地から B 地までの道のりを求めなさい。

ポイント 時間についての方程式をつくる。

解き方と答え

A 地から B 地までの道のりを x km とする。

時間＝道のり÷速さ より，時速 4 km でかかる時間は $\dfrac{x}{4}$ 時間，

時速 12 km でかかる時間は $\dfrac{x}{12}$ 時間だから，

$\dfrac{x}{4} - \dfrac{x}{12} = 1\dfrac{1}{2}$ これを解くと，$x = 9$
  └ 1 時間半

この解は問題に適している。 **答 9 km**

例題 ② 速さの問題②

1 周 2880 m の池のまわりを，兄と妹が同じ地点から反対方向に向かって同時に歩き始めた。兄は分速 150 m，妹は分速 90 m で進むとき，2 人がはじめて出会うのは歩き始めてから何分後ですか。

ポイント 兄の進んだ道のり＋妹の進んだ道のり＝1 周の長さ

解き方と答え

歩き始めてから x 分後に，2 人がはじめて出会うとする。道のり＝速さ×時間 より，兄が進んだ道のりは $150x$ m，妹が進んだ道のりは $90x$ m である。兄の進んだ道のりと妹の進んだ道のりの和が 2880 m になるから，$150x + 90x = 2880$

これを解くと，$x = 12$

この解は問題に適している。 **答 12 分後**

兄 妹
1周2880m

part 1 正負の数の
part 2 文字と式
part 3 1次方程式
part 4 比例・反比例
part 5 平面図形
part 6 空間図形
part 7 データの整理

📝 まとめテスト

解答

□❶ 次の方程式のうち，$x = -3$ が解である
　　ものはどれですか。

　　ア $-3x = 9$　　**イ** $12x - 1 = 5$

　　ウ $2x - 4 = 3x + 1$

　　次の❷〜❿の方程式，比例式を解きなさい。

□❷ $7x + 4 = -3$

□❸ $-5 - x = 6$

□❹ $8x - 1 = 6x - 5$

□❺ $-5x + 4 = 8x - 9$

□❻ $-2(x + 4) = 4x - 2$

□❼ $0.12x - 0.3 = -0.18x + 0.06$

□❽ $\dfrac{5}{3}x = \dfrac{1}{6}(-4x + 28)$

□❾ $\dfrac{3x + 1}{5} - 2x + 3 = -1$

□❿ $4 : x = 8 : (5x - 1)$

□⓫ 1次方程式 $2(x + 3) = a - 2$ の解が $x = 1$
　　のとき，a の値を求めなさい。

□⓬ 入場料が大人 1 人 1200 円，子ども 1 人
　　600 円の美術館に，大人と子ども合わせ
　　て 20 人で行くと，入場料の合計は
　　16200 円だった。大人は何人行きました
　　か。

□⓭ 1 個 100 円のおにぎりと 1 個 120 円の
　　パンをそれぞれ何個か買うと，代金は
　　2280 円だった。おにぎりとパンの個数
　　の比が 4 : 3 であるとき，パンは何個買
　　いましたか。

❶ **ア**

❷ $x = -1$

❸ $x = -11$

❹ $x = -2$

❺ $x = 1$

❻ $x = -1$

❼ $x = \dfrac{6}{5}$

❽ $x = 2$

❾ $x = 3$

❿ $x = \dfrac{1}{3}$

⓫ $a = 10$

⓬ **7 人**

解き方 大人の人数を x
人とすると，子どもは
$(20 - x)$ 人なので，
代金についての式を立
てると，
$1200x + 600(20 - x)$
$= 16200$

⓭ **9 個**

解き方 買った個数をそ
れぞれ，おにぎり $4x$
個，パン $3x$ 個として，
代金についての式を立
てると，
$100 \times 4x + 120 \times 3x$
$= 2280$

□⑭ 今，母は 30 歳で子は 4 歳である。何年後に母の年齢が子の年齢の 3 倍になりますか。

□⑮ ある学校の 1 年生全員を長いすに座らせるとき，長いす 1 脚に 5 人ずつ座ると 10 人が座れなくなった。そこで，1 脚に 8 人ずつ座ると，最後の 1 脚には 6 人座ることになり，3 脚の長いすが余った。長いすの数と 1 年生全員の人数を求めなさい。

□⑯ 今，兄の年齢は弟の年齢の 1.5 倍である。6 年後，兄の年齢と弟の年齢の比が 9：7 になるとき，今の兄の年齢は何歳ですか。

□⑰ 姉と妹が同時に出発して，1.2 km 先の学校まで歩いて向かった。途中で妹は友達と合流して，走って行ってしまったので姉は妹より 3 分遅く着いた。姉と妹の歩く速さは等しく分速 80 m で，妹の走る速さは分速 120 m とすると，妹が友達と合流したのは家から何 m の地点か求めなさい。

□⑱ A さんと B さんは 2240 m の池の周りを同じ方向に向かって同時に出発する。A さんは分速 150 m で走り，B さんは分速 80 m で歩くとき，A さんが B さんに追いつくのは何分後ですか。

---

⑭ **9 年後**

⑮ **長いす 12 脚**
　　2 年生 70 人

解き方 長いすが x 脚あるとする。生徒の人数について，
5 人ずつ座るとき，
$5x + 10$（人）
8 人ずつ座るとき，
8 人座っているのが
$(x-4)$ 脚で，残り 6 人いるので，
$8(x-4) + 6$（人）
$5x + 10 = 8(x-4) + 6$

⑯ **12 歳**

解き方 今，弟の年齢を x 歳とすると，兄は $1.5x$ 歳と表せる。
6 年後の年齢について，
$(1.5x+6):(x+6) = 9:7$

⑰ **480 m**

解き方 姉は学校まで
$1200 \div 80 = 15$（分）
かかるので，妹は 12 分で学校につく。
妹が x 分後に友達と合流したとすると，
$80x + 120(12-x) = 1200$

⑱ **32 分後**

解き方 x 分後に追いつくとすると，
$150x - 80x = 2240$

part 1 ＋−×÷ 正負の数

part 2 ab xy 文字と式

part 3 ■=■ 方程式 1次

part 4 ✕ 比例・反比例

part 5 △ 図形 平面

part 6 ⬡ 図形 空間

part 7 📖 データの整理

26. 関 数

1 関 数 ★★

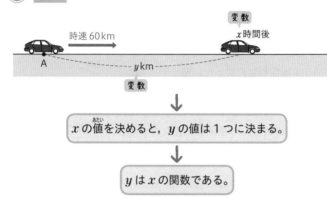

時速 60 km

変 数
x 時間後

A

y km

変 数

↓

x の値を決めると，y の値は 1 つに決まる。

↓

y は x の関数である。

- 上の図のように，時速 60 km で走っている自動車が，A地点を通過後 x 時間に y km 進んだとすると，x，y はいろいろな値をとることができる。この x, y のように，いろいろな値をとる文字を変数という。
- また，2 つの変数 x，y があり，変数 x の値を決めると，それにともなって変数 y の値もただ 1 つに決まるとき，**y は x の関数である**という。

2 変 域 ★★

❶ x の変域が 2 以下

↓

$x \leqq 2$

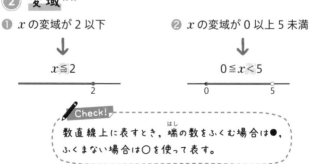

❷ x の変域が 0 以上 5 未満

↓

$0 \leqq x < 5$

✎ Check!

数直線上に表すとき，端の数をふくむ場合は●，ふくまない場合は〇を使って表す。

- 変数のとりうる値の範囲を変域という。

得点 **UP!**　x の値を 1 つに決めたときの y の値が 2 つ以上考えられる場合は、
y は x の関数ではない。

part
1
×÷
正の数・
負の数

part
2
ab
xy
式と文字

part
3
方程式
1次
方程式

part
4
比例・
反比例

part
5
平面
図形

part
6
空間
図形

part
7
データの
整理

例題① 関数

次のことがらについて、y は x の関数といえるか調べなさい。

❶ x ページの本の値段 y 円

❷ 30 人のクラスの欠席者が x 人のときの出席者 y 人

❸ 1 個 30 円のみかん x 個を買ったときの代金 y 円

❹ 面積が 20 cm² の台形の上底が x cm、下底が y cm

ポイント 関数 ➡ x の値が決まると、y の値がただ 1 つ決まる

解き方と答え

❶ ページ数だけで本の値段は決まらないので、y は x の関数ではない。

❷ $x+y=30$ だから、x の値を決めると y の値はただ 1 つに決まる。
　よって、y は x の関数である。

❸ $y=30x$ だから、x の値を決めると y の値はただ 1 つに決まる。
　よって、y は x の関数である。

❹ x の値を決めても、高さによって y の値が変わるので、y は x の関数で
　はない。

例題② 変域

200 L の水が入っている水そうから 1 分間に 20 L の割合で水を放水
するとき、放水をはじめてから x 分後の、水そうの水の量を y L とす
る。このとき、x、y の変域を求めなさい。

ポイント x と y がとりうる値の範囲を求める。

解き方と答え

水そうの水が空になるのは、放水をはじめてから、

$200 \div 20 = 10$（分後）

よって、x の変域は、$0 \leqq x \leqq 10$

y の変域は、$0 \leqq y \leqq 200$

月　日

27. 比 例

1 比例 ★★

y は x に比例する

↓

$y = ax$
↑
比例定数

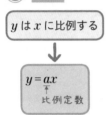

$y = 2x$

x	1	2	3	……	n
y	2	4	6	……	$2n$

- y が x の関数で，その間の関係が $y = ax$ で表されるとき，y は x に**比例する**という。
- 一定の数やそれを表す文字を**定数**という。比例の式 $y = ax$ の a は定数であり，**比例定数**という。
- y が x に比例するとき，x の値が 2 倍，3 倍，……，n 倍になると，y の値も 2 倍，3 倍，……，n 倍になる。

2 比例の式の求め方 ★★★

問 y は x に比例し，$x = 4$ のとき $y = -12$ である。y を x の式で表しなさい。

解 y は x に比例するから，$y = ax$ と表される。
　　　　　　　　　　　　　　　　└ 比例定数

$x = 4$ のとき $y = -12$ だから，式に x，y の値を代入して，

$-12 = a \times 4$ 　$4a = -12$ 　$a = -3$

よって，$y = -3x$

- y が x に比例し，$x \neq 0$ のとき，x と y の値の商 $\dfrac{y}{x}$ は一定で，比例定数 a に等しい。このことから比例の式を求めることもできる。

　例 上の**問**で，$x = 4$ のとき $y = -12$ だから，$a = \dfrac{-12}{4} = -3$

　　　　よって，$y = -3x$

得点 UP! $y=ax$ に x の値と y の値を代入するときは，x の値と y の値を逆にしてしまわないように注意する。

例題① 比例

次の①，②について，y が x に比例することを示しなさい。また，そのときの比例定数を答えなさい。

① 1本80円の鉛筆を x 本買ったときの代金は y 円である。

② 正方形の1辺の長さが x cm のとき，周の長さが y cm である。

ポイント $y=ax$（a は比例定数）の形で表す。

解き方と答え

① 代金＝1本の値段×本数 だから，$y=80×x$　$y=80x$
　よって，y は x に比例する。比例定数は **80**

② 正方形の周の長さ＝1辺の長さ×4 だから，$y=x×4$　$y=4x$
　よって，y は x に比例する。比例定数は **4**

例題② 比例の式の求め方

① y は x に比例し，$x=2$ のとき $y=-12$ である。y を x の式で表しなさい。

② y は x に比例し，$x=1.5$ のとき，$y=6$ である。$x=-5$ のときの y の値を求めなさい。

ポイント y が x に比例するとき，$y=ax$ と表される。

解き方と答え

① y は x に比例するから，比例定数を a とすると，$y=ax$ と表される。
　$x=2$ のとき $y=-12$ だから，$-12=a×2$　$2a=-12$
　$a=-6$　よって，$y=-6x$

② y は x に比例するから，比例定数を a とすると，$y=ax$ と表される。
　$x=1.5$ のとき $y=6$ だから，$6=a×1.5$　$1.5a=6$　$a=4$
　よって，$y=4x$
　この式に $x=-5$ を代入して，$y=4×(-5)=-20$

part 1 ＋－×÷ 正の数・負の数

part 2 $\frac{ab}{xy}$ 文字と式

part 3 方程式 1次

part 4 比例・反比例

part 5 平面図形

part 6 空間図形

part 7 データの整理

28. 反比例

1 反比例★★

y は x に反比例する

↓

$y = \dfrac{a}{x}$ ←比例定数

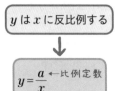

$y = \dfrac{12}{x}$

x	1	2	3	……	n
y	12	6	4	……	$\dfrac{12}{n}$

- y が x の関数で，その間の関係が $y = \dfrac{a}{x}$ で表されるとき，y は x に**反比例する**という。

- y が x に反比例するとき，x の値が 2 倍，3 倍，……，n 倍になると，対応する y の値は $\dfrac{1}{2}$ 倍，$\dfrac{1}{3}$ 倍，……，$\dfrac{1}{n}$ 倍になる。

2 反比例の式の求め方★★★

問 y は x に反比例し，$x = 6$ のとき $y = 4$ である。y を x の式で表しなさい。

解 y は x に反比例するから，$y = \dfrac{a}{x}$ ←比例定数 と表される。

$x = 6$ のとき $y = 4$ だから，式に x，y の値を代入して，

$4 = \dfrac{a}{6}$　$a = 24$

よって，$y = \dfrac{24}{x}$

- y が x に反比例するとき，x と y の値の積 xy は一定で，比例定数 a に等しい。このことから反比例の式を求めることもできる。

  例 上の **問** で，$x = 6$ のとき $y = 4$ だから，$a = 6 \times 4 = 24$

  よって，$y = \dfrac{24}{x}$

得点 UP!

● x と y の積 xy が一定であるとき，y は x に反比例する。
● $a=xy$ の式を利用すると，比例定数 a を求めやすい。

例題 ① 反比例

次の❶，❷について，y が x に反比例することを示しなさい。また，そのときの比例定数を答えなさい。

❶ 底辺が x cm，高さが y cm の三角形の面積は 15 cm² である。
❷ 80 km の距離を時速 x km の速さで進むと，y 時間かかった。

ポイント $y=\dfrac{a}{x}$ （a は比例定数）の形で表す。

解き方と答え

❶ 三角形の面積 $=\dfrac{1}{2}×$ 底辺 × 高さ だから，$15=\dfrac{1}{2}×x×y$　$y=\dfrac{30}{x}$

　よって，y は x に反比例する。比例定数は 30

❷ 時間 = 距離 ÷ 速さ だから，$y=80÷x$　$y=\dfrac{80}{x}$

　よって，y は x に反比例する。比例定数は 80

例題 ② 反比例の式の求め方

y は x に反比例し，$x=4$ のとき，$y=-8$ である。

❶ y を x の式で表しなさい。
❷ $x=8$ のときの y の値を求めなさい。
❸ $y=-16$ のときの x の値を求めなさい。

ポイント y が x に反比例するとき，$y=\dfrac{a}{x}$ と表される。

解き方と答え

❶ y は x に反比例するから，比例定数を a とすると，$y=\dfrac{a}{x}$ と表される。

　$x=4$ のとき，$y=-8$ だから，$-8=\dfrac{a}{4}$　$a=4×(-8)=-32$

　よって，$y=\dfrac{32}{x}$

❷ ❶の式に $x=8$ を代入して，$y=-\dfrac{32}{8}=-4$

❸ ❶の式に $y=-16$ を代入して，$x=-\dfrac{32}{-16}=2$

part 1 正負の数
part 2 文字と式
part 3 1次方程式
part 4 比例・反比例
part 5 平面図形
part 6 空間図形
part 7 データの整理

28 │ 反比例 │ 67

29. 点と座標

① 座標軸 ★

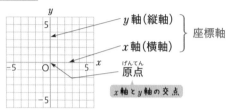

- y軸（縦軸）
- x軸（横軸）｝座標軸
- 原点

x軸とy軸の交点

- 平面上に，原点で直角に交わる 2 つの数直線をひくとき，横の数直線を x 軸または**横軸**，縦の数直線を y 軸または**縦軸**といい，両方合わせて**座標軸**という。また，座標軸の交点 O を原点という。
- 座標軸のある平面を**座標平面**という。

② 点と座標 ★★

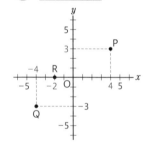

❶ 点 P の座標 → P(4, 3)
　x座標↗ 　↖y座標
❷ 点 Q の座標 → Q(−4, −3)
❸ 点 R の座標 → R(−2, 0)
❹ 原点 O の座標 → O(0, 0)

- 点の位置を示す x 軸の目盛りを x 座標，y 軸の目盛りを y 座標という。点 P の x 座標が 4，y 座標が 3 のとき，**P(4, 3)** と表し，これを点 P の座標という。
- 点 P(4, 3) は，原点から x 軸の正の方向に 4，y 軸の正の方向に 3 進んだ位置にある点である。

得点 UP! 点の座標を求めるときは，その点からx軸，y軸に垂直な直線をひき，それぞれの軸と交わる点の目盛りを読みとればよい。

例題 ① 点と座標

右の図で，点 A，B，C，D，E，F の座標を求めなさい。

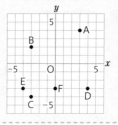

ポイント x 座標は x 軸，y 座標は y 軸の目盛りを示す値である。

解き方と答え

A(3, 4)　　　　B(-3, 2)

C(-3, -4)　　D(4, -3)

E(-4, -3)　　F(0, -3)

テストで注意

x 軸上の点の y 座標は 0

y 軸上の点の x 座標は 0

例題 ② 対称な点

A(5, 3) について，次の点の座標を求めなさい。

① x 軸について対称な点 B　　② y 軸について対称な点 C

③ 原点について対称な点 D

ポイント 図をかき，符号に注意して求める。

解き方と答え

それぞれの点を図に表すと，次のようになる。

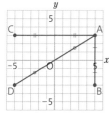

Check!

点 (a, b) において，

x 軸について対称な点の座標は，$(a, -b)$

y 軸について対称な点の座標は，$(-a, b)$

原点について対称な点の座標は，$(-a, -b)$

答 ① B(5, -3)　② C(-5, 3)　③ D(-5, -3)

part 1 ＋－×÷ 正負の数の

part 2 ab xy 式と文字

part 3 ＝ 方程式 1次

part 4 反比例・比例

part 5 平面図形

part 6 空間図形

part 7 データの整理

30. 比例のグラフ

_____ 月 ____ 日

① 比例のグラフ★★

❶ $a > 0$ のとき

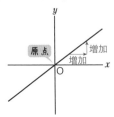

❷ $a < 0$ のとき

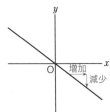

● 比例を表す $y = ax$ のグラフは，原点を通る直線である。
● $a > 0$ のときは右上がりのグラフで，$a < 0$ のときは右下がりのグラフである。

② 比例のグラフのかき方★★★

問 $y = 2x$ のグラフをかきなさい。

解 ❶ 原点以外の1点の座標を求める。

$x = 1$ のとき，$y = 2 \times 1 = 2$

❷ 原点と（1，2）を通る直線をひく。

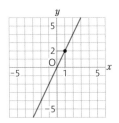

2点が決まれば
直線がひけるね

● 比例のグラフは，原点と原点以外のもう1点を通る直線をひいてかくことができる。

得点 UP! 比例のグラフをかくとき，原点以外の1点は，原点から離れた点をとったほうが，グラフを正確にかきやすい。

例題① **比例のグラフのかき方**

次のグラフをかきなさい。

❶ $y = -x$

❷ $y = \dfrac{3}{4}x$

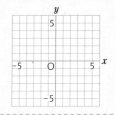

ポイント 原点以外の1点をとって，原点と結ぶ。

解き方と答え

❶ $x = 5$ のとき，$y = -5$

原点と点 $(5, -5)$ を通る直線をひく。

❷ x 座標，y 座標が整数になるようにする。

$x = 4$ のとき，$y = \dfrac{3}{4} \times 4 = 3$

原点と点 $(4, 3)$ を通る直線をひく。

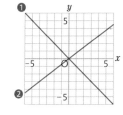

例題② **比例のグラフの式**

右のグラフの式を求めなさい。

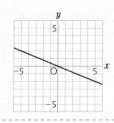

ポイント $y = ax$ にグラフが通る点の座標を代入する。

解き方と答え

グラフは点 $(5, -2)$ を通るから，$y = ax$ に $x = 5$，$y = -2$ を代入する。

$-2 = a \times 5$ より，$a = -\dfrac{2}{5}$　　よって，$y = -\dfrac{2}{5}x$

part 2 ab xy 文字と式

part 3 1次方程式

part 4 比例・反比例

part 5 平面図形

part 6 空間図形

part 7 データの整理

31. 反比例のグラフ

1 反比例のグラフ ★★

❶ $a > 0$ のとき

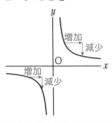

❷ $a < 0$ のとき

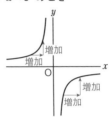

- 反比例を表す $y = \dfrac{a}{x}$ のグラフは、双曲線とよばれる2つのなめらかな曲線になる。
- $a > 0$ のとき、グラフは右上と左下に現れ、$a < 0$ のとき、グラフは左上と右下に現れる。

2 反比例のグラフのかき方 ★★★

問 $y = \dfrac{4}{x}$ のグラフをかきなさい。

解 **❶** x と y の対応表をつくる。

x	…	−4	−2	−1	0	1	2	4	…
y	…	−1	−2	−4	✕	4	2	1	…

❷ x, y の値の組を座標とする点をとり、それらの点をなめらかな曲線で結ぶ。

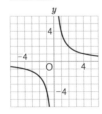

Check!

反比例のグラフは、原点について対称である。
また、x軸、y軸と交わらない。

得点 UP! 反比例のグラフは原点について対称だから，点 (a, b) を通る
ときは，必ず $(-a, -b)$ も通る。

例題① 反比例のグラフのかき方

$y = \dfrac{6}{x}$ のグラフをかきなさい。

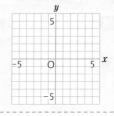

ポイント 点をいくつかとって，なめらかな曲線で結ぶ。

解き方と答え

x と y の対応表をつくると，

x	…	-6	-3	-2	-1	0	1	2	3	6	…
y	…	-1	-2	-3	-6	✕	6	3	2	1	…

x，y の値の組を座標とする点をとり，それらの点を
なめらかな曲線で結ぶ。

例題② 反比例のグラフの式

右のグラフの式を求めなさい。

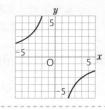

ポイント $y = \dfrac{a}{x}$ にグラフが通る点の座標を代入する。

解き方と答え

グラフは点 $(4, -3)$ を通るから，$y = \dfrac{a}{x}$ に $x = 4$，$y = -3$ を代入する。

$-3 = \dfrac{a}{4}$ より，$a = -12$　　よって，$y = \dfrac{12}{x}$

part 1 正負の数 ×÷
part 2 文字と式 $a b x y$
part 3 1次方程式
part 4 比例・反比例
part 5 平面図形
part 6 空間図形
part 7 データの整理

32. 比例・反比例の利用

1 比例の利用 ★★

問 同じくぎ 18 本の重さをはかると，28 g あった。このくぎ 144 本の重さは何 g ですか。

解 くぎの重さは本数に比例するから，くぎ x 本の重さを y g とすると，$y = ax$ と表すことができる。

くぎ 18 本の重さが 28 g だから，$28 = a \times 18$　$a = \dfrac{28}{18} = \dfrac{14}{9}$

よって，$y = \dfrac{14}{9}x$

この式に，$x = 144$ を代入して，$y = \dfrac{14}{9} \times 144 = 224$

答 224 g

2 図形の周上を動く点の問題 ★★

問 右の図のような 1 辺が 6 cm の正方形 ABCD で，点 P は辺 BC 上を B から C まで進む。
B から x cm 進んだときの三角形 ABP の面積を y cm² とする。

❶ y を x の式で表しなさい。

❷ y の変域を求めなさい。

解 ❶ BP を底辺，AB を高さとみて，$y = \dfrac{1}{2} \times x \times 6$　$y = 3x$

❷ 点 P は B から C まで進み，BC = 6 cm だから，

x の変域は，$0 \leqq x \leqq 6$

$y = 3x$ $(0 \leqq x \leqq 6)$ のグラフをかくと右の図のようになる。

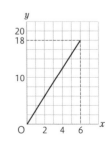

$x = 0$ のとき，$y = 0$

$x = 6$ のとき，$y = 18$

よって，y の変域は，$0 \leqq y \leqq 18$

比例・反比例の見方や考え方，グラフを利用して，いろいろな場面の問題を解くことができる。

part 1 ×÷ 正負の数

part 2 ab xy 文字と式

part 3 ■=■ 1次方程式

part 4 ⁄⁄ 比例・反比例

part 5 △ 平面図形

part 6 ☐ 空間図形

part 7 ☐ データの整理

例題① 反比例の利用

歯数が 30 ある歯車 A と歯数が x の歯車 B がかみ合って回転している。また，歯車 A が 1 分間に 4 回転するとき，歯車 B がちょうど y 回転する。このとき，次の問いに答えなさい。

❶ y を x の式で表しなさい。

❷ 歯車 B の歯数が 12 のとき，歯車 B は 1 分間に何回転するか求めなさい。

ポイント かみ合う歯数は 歯数×回転数 で求められる。

解き方と答え

❶ 歯車 A と歯車 B のかみ合う歯数は等しいから，

$30 \times 4 = x \times y$

よって，$xy = 120$　$y = \dfrac{120}{x}$

❷ ❶の式に $x = 12$ を代入して，$y = \dfrac{120}{12} = 10$

答　10 回転

例題② 図形の周上を動く点の問題

右の図のような長方形 ABCD で，点 P は辺 BC 上を B から C まで進む。B から x cm 進んだときの三角形 ABP の面積を y cm² とする。x と y の関係をグラフで表しなさい。

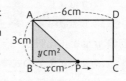

ポイント まず，y を x の式で表す。

解き方と答え

$y = \dfrac{1}{2} \times x \times 3$ より，$y = \dfrac{3}{2}x$

BC = AD = 6 cm だから，$0 \leqq x \leqq 6$

$x = 0$ のとき，$y = 0$

$x = 6$ のとき，$y = 9$

よって，右の図のようになる。

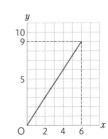

32 | 比例・反比例の利用 | 75

part 4

📝 まとめ テスト

解答

□❶ 次のことがらについて，x と y の関係を式で表しなさい。また，y が x に比例するものには〇を，反比例するものには△をつけなさい。

　①1本 x 円の鉛筆を 3 本買ったときの代金 y 円

　②50 m のリボンを x 人で等しく分けたときの1 人あたりの長さ y m

□❷ 容積が 54000 cm³ の空の水そうに毎分 15 L ずつ水を入れたとき，水を入れ始めてから x 分後の水の体積を y L とする。このとき，x と y の変域を求めなさい。

□❸ 次の表の空欄をうめ，x と y の関係を式で表しなさい。

　①y は x に比例する。

x		-1	0	
y	40	5		-10

　②y は x に反比例する。

x		-2	3	6
y	-3		4	

□❹ y は x に比例し，$x = 5$ のとき $y = 15$ である。y を x の式で表しなさい。また，比例定数を答えなさい。

□❺ y は x に反比例し，$x = 1.5$ のとき $y = \dfrac{2}{3}$ である。$y = -1$ のとき x の値を求めなさい。

□❻ A(-5，4) について，x 軸について対称な点 P，原点について対称な点 Q，右へ 8，下へ 4 移動した点 R の座標をそれぞれ求めなさい。

❶ ①$y = 3x$，〇

　②$y = \dfrac{50}{x}$，△

❷ $0 \leqq x \leqq 3.6$

　$0 \leqq y \leqq 54$

解き方 水そうの容積は，54000 cm³ = 54 L だから，水そうがいっぱいになるのに 54 ÷ 15 = 3.6（分）かかる。

❸ ①$y = -5x$

x	-8	-1	0	2
y	40	5	0	-10

　②$y = \dfrac{12}{x}$

x	-4	-2	3	6
y	-3	-6	4	2

❹ $y = 3x$

　比例定数 3

❺ $x = -1$

❻ P(-5，-4)
　Q(5，-4)
　R(3，0)

□❼ 次の①~③のグラ
フをかきなさい。

①$y = 2x$

②$y = -\dfrac{2}{3}x$

③$y = \dfrac{12}{x}$

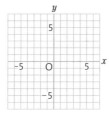

□❽ 右の①~④のグ
ラフの式を求め
なさい。

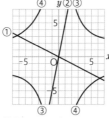

□❾ 歯の数が 60 で，1 分間に 6 回転している
歯車 A と，歯の数が x で，1 分間に y 回
転している歯車 B がかみ合っている。y
を x の式で表しなさい。また，B が 1 分間
に 9 回転するときの歯の数を求めなさい。

□❿ 右の図のような，
直角三角形ABC で，
点 P は辺 BC 上を
B から C に毎秒 2
cm の速さで進む。B を出発してから x 秒
後の三角形 ABP の面積を y cm² とする
とき，次の問いに答えなさい。

①x の変域を求め，x と y の関係を式で
表しなさい。

②三角形 ABP が三角形 APC の面積の半
分になるのは，点 P が点 B を出発して
から何秒後か答えなさい。

---

❼

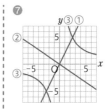

❽ ① $y = -\dfrac{1}{2}x$

② $y = 5x$

③ $y = \dfrac{18}{x}$

④ $y = -\dfrac{20}{x}$

❾ $y = \dfrac{360}{x}$

B の歯の数 40

❿ ① 変域 $0 \leqq x \leqq 6$

式 $y = 9x$

② 2 秒後

解き方 ② 三角形 ABP
の面積が三角形 ABC
の面積の $\dfrac{1}{3}$ 倍になれ
ばいいから，三角形
ABP の面積は，

$\dfrac{1}{2} \times 12 \times 9 \times \dfrac{1}{3}$

$= 18$ (cm²)

これを①でつくった式
の y に代入して，

$18 = 9x$　$x = 2$

part
1
×÷
正
負
の
数
の

part
2
ab
xy
式
文
字
と

part
3
●=●
方
程
式
1
次

part
4
⚡
反
比
例
・
比
例

part
5
△
図
形
平
面

part
6
🔷
図
形
空
間

part
7
📖
整
理
デ
ー
タ
の

平面図形

33. 直線と角

① 直線・線分・半直線 ★

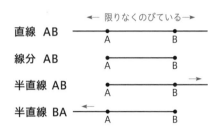

← 限りなくのびている →

直線 AB

線分 AB

半直線 AB

半直線 BA

- 1点を通る直線は何本もあるが, 2点を通る直線は1本しかないから, 「直線は2点で決まる」といえる。
- 2点 A, B を通る直線を直線 AB という。
- 直線 AB のうち, 点 A から点 B までの部分を線分 AB といい, その長さを**2点 A, B 間の距離**という。
- 線分 AB を B の方向に延長したものを半直線 AB といい, A の方向に延長したものを半直線 BA という。

② 角 ★

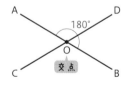

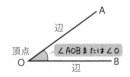

- 2直線が点 O で交わるとき, 点 O を交点という。
- 1直線 AOB がつくる角の大きさは180°である。
- 1点 O から出る2つの半直線 OA, OB がつくる図形を角 AOB といい, 記号 ∠ を使って∠AOB または∠O と表す。∠AOB において, OA, OB を角の辺, 点 O を角の頂点という。

得点 ↑ UP!
- 直線は ℓ, m などを使って表すことがある。
- ∠ABC と ∠DEF の大きさが等しいとき, ∠ABC＝∠DEF と表す。

例題 ① 直線と角

❶ 右の図の 2 点 A, B を結ぶ線ア～エのうちで, 最も短いものはどれですか。

❷ 右の図で, アの角, イの角を, 記号 ∠ と P, Q, R, S, T を使って表しなさい。また, ∠TSR の頂点を答えなさい。

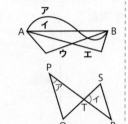

ポイント ❷ 文字を使って角を表すときは, 頂点を真ん中に書く。

解き方と答え

❶ 線分 AB の長さが, 2 点 A, B 間の最短の長さだから, **イ**

❷ アの角…∠QPR(∠QPT または ∠P)

　イの角…∠STR

　∠TSR の頂点…点 S

例題 ② 角の大きさ

次の図の ∠a, ∠b, ∠c, ∠d の大きさを求めなさい。

❶ 　❷ 　❸

ポイント 直角 ➡ 90°, 1直線がつくる角 ➡ 180°

解き方と答え

❶ $\angle a + 48° = 180°$ より, $\angle a = 180° - 48° = 132°$

❷ $\angle b + 30° = 90°$ より, $\angle b = 90° - 30° = 60°$

❸ $\angle c + 125° = 180°$ より, $\angle c = 180° - 125° = 55°$

　$\angle c + \angle d = 180°$ より, $\angle d = 180° - 55° = 125°$

part 1 ÷× 正負の数

part 2 ab xy 式と文字

part 3 ᵃ=ᵇ 1次方程式

part 4 比例・反比例

part 5 平面図形

part 6 空間図形

part 7 データの整理

34. 垂直と平行

月　日

① 2直線の関係 ★

❶ 垂直

❷ 平行

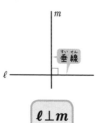

$$\ell \perp m$$

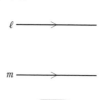

$$\ell /\!/ m$$

- 2直線 ℓ, m が垂直であることを, $\ell \perp m$ と表す。このとき, 2直線の一方を他方の垂線という。
- 2直線 ℓ, m が平行であることを, $\ell /\!/ m$ と表す。

② 点や直線の距離 ★

❶ 点と直線との距離

❷ 平行な2直線の距離

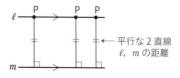

- ❶の図のように, 点Aから直線 ℓ に垂線をひき, ℓ との交点をPとしたとき, 線分APは点Aと直線 ℓ 上の点を結ぶ線分のうち, 長さが最も短いものである。この線分APの長さを点Aと直線 ℓ との距離という。
- ❷の図のように, 平行な2直線 ℓ, m があるとき, 点Pを直線 ℓ 上のどこにとっても, 点Pと直線 m との距離は一定である。この一定の距離を平行な2直線 ℓ, m の距離という。

得点 **UP!** 点や直線の距離は，最短の長さのことだと考えればよい。

part
1
＋−
×÷
負の数の

part
2
$a b$
$x y$
式文字と

part
3
●=●
1
方次
程
式

part
4
比例・
反比例

part
5
図平
形面

part
6
図空
形間

part
7
整データの
理

例題① 垂直と平行

同じ平面上にある3直線 ℓ, m, n の位置関係について，次の□に
あてはまる記号を答えなさい。

❶ $\ell /\!/ m$, $\ell /\!/ n$ ならば，$m \square n$

❷ $\ell \perp m$, $\ell \perp n$ ならば，$m \square n$

❸ $\ell \perp m$, $m /\!/ n$ ならば，$\ell \square n$

ポイント 実際に図をかいてみる。

解き方と答え

❶ 　　❷ 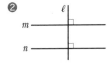　　❸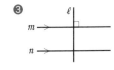

答 ❶$/\!/$　❷$/\!/$　❸$\perp$

例題② 点や直線の距離

右の図で，方眼の1目もりを1cmとして，
次の問いに答えなさい。

❶ 直線 ℓ までの距離が最も長い点はどれで
すか。また，それは何 cm ですか。

❷ 2直線 ℓ, m の距離は何 cm ですか。

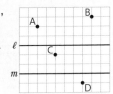

ポイント ❶ 点から直線までひいた垂線の長さを求める。

解き方と答え

❶ 直線 ℓ までの距離は，

点A…2 cm，点B…3 cm，点C…1 cm，点D…4 cm

よって，最も長いのは点**D**で，その長さは**4 cm**

❷ 直線 ℓ 上の点から直線 m までひいた垂線の長さを求めればよいので，

3 cm

35. 図形の移動 ①

1 平行移動 ★★

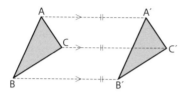

一定の方向に
一定の距離だけ
ずらす移動

● 図形の形や大きさを変えずに，図形の位置だけを変えることを**移動**という。

● 図形を，一定の方向に一定の距離だけずらす移動を**平行移動**という。

● 平行移動では，対応する点を結ぶ線分はすべて平行で，その長さは等しい。

例 上の図で，AA′∥BB′∥CC′，AA′＝BB′＝CC′

2 対称移動 ★★

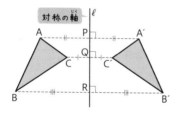

1直線を折り目
として折り返す
移動

● 図形を，1直線 ℓ を折り目として，折り返す移動を**対称移動**といい，直線 ℓ を**対称の軸**という。

● 対称移動では，対応する点を結ぶ線分は，対称の軸により，垂直に2等分される。

例 上の図で，AP＝A′P，BR＝B′R，CQ＝C′Q

　　　　AA′⊥ℓ，BB′⊥ℓ，CC′⊥ℓ

得点 **UP!** 移動してできた図形は、もとの図形と形も大きさも同じなので、合同である。

part 1 ＋−×÷ 正負の数

part 2 ab xy 式と文字

part 3 $\vdots$ 1次方程式

part 4 ＋− 比例・反比例

part 5 △ 平面図形

part 6 ☆ 空間図形

part 7 □ データの整理

例題① 平行移動

右の方眼上の四角形 ABCD を平行移動して、点 A が点 A′ に重なるような四角形 A′B′C′D′ をかきなさい。

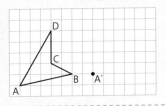

ポイント すべての点が、同じ方向に、同じ距離だけ動く。

解き方と答え

点 A′ は、点 A から右へ 7 目盛り、上へ 1 目盛りの位置にあるから、他の点 B、C、D も同様に移す。

答

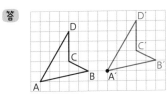

例題② 対称移動

右の方眼上の △ABC を、直線 ℓ について対称移動した △A′B′C′ をかきなさい。

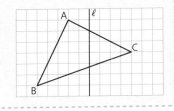

ポイント 直線 ℓ は、対応する点を結ぶ線分を垂直に二等分する。

解き方と答え

点 A を通り直線 ℓ に垂直な直線上に、直線 ℓ からの距離が点 A と等しい点を、点 A と反対側にとり、点 A′ とする。点 B′、C′ についても同様に点をとる。

答

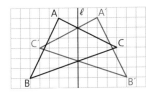

36. 図形の移動 ②

月　　日

1 回転移動 ★★

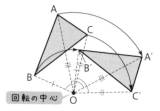

回転の中心

> 1点を中心として
> 一定の角度だけ
> まわす移動

● 図形を，1点 O を中心として，一定の角度だけまわす移動を回転移動
といい，点 O を**回転の中心**という。

● 回転移動では，対応する点は回転の中心から等しい距離にある。また，
対応する点と回転の中心を結んでできる角は，すべて等しい。

例 上の図で，AO = A′O， BO = B′O， CO = C′O

$$\angle AOA' = \angle BOB' = \angle COC'$$

2 点対称移動 ★★

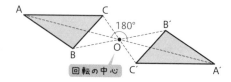

回転の中心

> 180° の回転移動

● 回転移動の中で，特に 180° の回転移動のことを点対称移動という。

● 点対称移動では，対応する点と回転の中心はそれぞれ 1 つの直線上
にある。

得点 UP! 1つの点を中心として 180° 回転移動させたとき，もとの図形にぴったり重なる図形が点対称な図形である。

例題 ① 回転移動

右の図の △ABC を，点 O を回転の中心として，時計の針のまわる方向に 90° 回転移動した △A'B'C' をかきなさい。

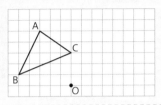

ポイント 各頂点が，同じ回転の方向に，同じ角度だけ動く。

解き方と答え

$\angle AOA' = \angle BOB' = \angle COC' = 90°$
$OA = OA'$, $OB = OB'$, $OC = OC'$
となるように，△A'B'C' をかく。

答
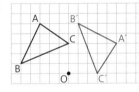

例題 ② 点対称移動

右の図の △ABC を，点 O を回転の中心として点対称移動した △A'B'C' をかきなさい。

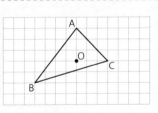

ポイント 点対称移動 ➡ 180° の回転移動

解き方と答え

3点 A, O, A' や B, O, B' や C, O, C' がそれぞれ 1 直線上にあり，
$OA = OA'$, $OB = OB'$, $OC = OC'$
となるように，△A'B'C' をかく。

答
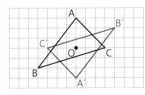

part
1
+-×÷
正の数
負の数

part
2
ab
xy
式と文字

part
3
方程式
1次

part
4
比例・
反比例

part
5
平面
図形

part
6
空間
図形

part
7
データの
整理

| 36 | 図形の移動 ② | 85

37. 円

① 弧と弦 ★★

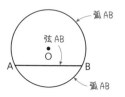

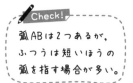

Check!
弧ABは2つあるが、
ふつうは短いほうの
弧を指す場合が多い。

● 円周上の2点A，Bを両端とする円周の一部分を弧ABといい，記号〜を使って$\overset{\frown}{AB}$と表す。

● 円周上の2点A，Bを結ぶ線分を弦ABという。円の中心を通る弦は直径である。

しっかり
覚えよう！

② 円と接線 ★★

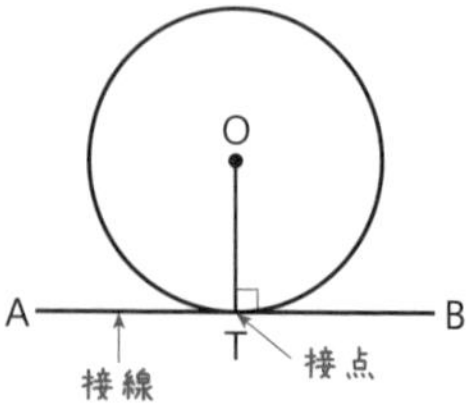

接線　　T　接点

円の接線は接点を通る半径に垂直である。
AB⊥OT

● 右の図のように，円の中心を通る直線に垂直な直線を平行移動させていくと，円周上の2つの交点は近づいていき，円周上の1点で重なる。このように，円と直線の共有する点がただ1つのとき，円と直線は**接する**といい，その点を接点，接する直線を円の接線という。

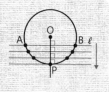

得点 **↑UP!** 「弧」という字を書くときは、「孤」や「狐」とまちがえないように注意しよう。

例題① 弧と弦

右の図について、次の問いに答えなさい。

❶ 図の青線部分を、記号を使って表しなさい。

❷ 弧 PQ と弦 PQ は、どちらが長いですか。

❸ 点 P を通る弦のうち、最も長い弦は、半径の何倍ですか。

ポイント 弧 ➡ 円周の一部分，弦 ➡ 線分

解き方と答え

❶ $\overparen{PQ}$

❷ 弧 PQ

❸ 円の弦のうち、最も長いのは直径だから、**2 倍**。

例題② 円と接線

次の図で、点 A、点 B は円 O との接点である。∠x の大きさを求めなさい。

❶

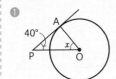

❷

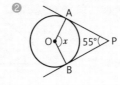

ポイント 円の接線は、接点を通る半径に垂直である。

解き方と答え

❶ 直線 PA は円 O の接線だから、∠PAO = **90°**

△OAP の内角の和は 180° だから、∠x = 180° − (90° + 40°) = **50°**

❷ 直線 PA と直線 PB は円 O の接線だから、∠PAO = ∠PBO = **90°**

四角形 APBO の内角の和は 360° だから、

∠x = 360° − (90° + 90° + **55°**) = **125°**

| 37 | 円 | 87

part 1 ×÷ 正負の数

part 2 ab xy 文字と式

part 3 方程式 1次

part 4 比例・反比例

part 5 平面図形

part 6 空間図形

part 7 データの整理

38. 基本の作図 ①

1 垂直二等分線の作図 ★★★

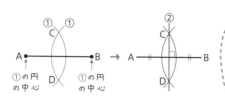

Check!

直線をひくための定規，円をかくためのコンパスだけを使って図をかくことを作図という。

● 線分を2等分する点を，その線分の**中点**という。また，線分の中点を通り，その線分に垂直な直線を垂直二等分線という。

● 線分 AB の垂直二等分線の作図の手順

① 点 A，B を中心として，等しい半径の円を交わるようにかき，その交点を C，D とする。

② 直線 CD をひく。

2 角の二等分線の作図 ★★★

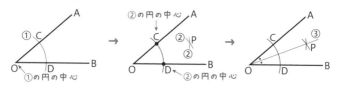

● 1つの角を2等分する半直線をその角の二等分線という。

● ∠AOB の二等分線の作図の手順

① 頂点 O を中心として，適当な半径の円をかき，角の2辺 OA，OB との交点をそれぞれ C，D とする。

② 点 C，D を中心として，等しい半径の円をかき，その交点を P とする。

③ 半直線 OP をひく。

得点 UP! 線分の垂直二等分線上の点は、線分の両端の2点からの距離が等しく、角の二等分線上の点は、その角の2辺までの距離が等しい。

例題 ① **垂直二等分線の作図**

右の図で、線分 AB の中点 M を作図して求めなさい。

A —————————— B

ポイント 垂直二等分線は線分の中点を通る。

解き方と答え

① 点 A, B を中心として等しい半径の円を　答
かき、交点を C, D とする。
② 直線 CD と線分 AB との交点を M とする。

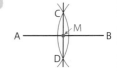

🖐 テストで注意

作図のときにかいた線は、消さずに残しておこう。

例題 ② **角の二等分線の作図**

右の図の △ABC で、∠A の二等分線と辺 BC との交点 P を作図して求めなさい。

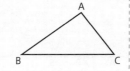

ポイント 角の二等分線は、1つの角を2等分する半直線である。

解き方と答え

① 点 A を中心として円をかき、辺 AB,　答
AC との交点を D, E とする。
② 点 D, E を中心として等しい半径の円をかき、交点を F とする。
③ 半直線 AF と辺 BC との交点を P とする。

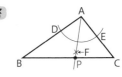

| 38 | 基本の作図 ① | 89

part 1 正負の数 ×÷

part 2 文字と式 ab xy

part 3 1次方程式

part 4 比例・反比例

part 5 平面図形

part 6 空間図形

part 7 データの整理

月　　日

39. 基本の作図 ②

① 直線上にない点を通る垂線の作図 ★★★

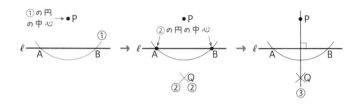

● **直線上にない点を通る垂線の作図の手順**

① 点 P を中心とする円をかき，直線 ℓ との交点を A，B とする。

② 点 A，B をそれぞれ中心とする等しい半径の円をかき，その交点の 1 つを Q とする。

③ 直線 PQ をひく。

② 直線上にある点を通る垂線の作図 ★★★

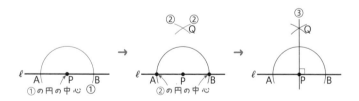

● **直線上にある点を通る垂線の作図の手順**

① 点 P を中心とする円をかき，直線 ℓ との交点を A，B とする。

② 点 A，B をそれぞれ中心とする等しい半径の円をかき，その交点の 1 つを Q とする。

③ 直線 PQ をひく。

● この作図は，180° の角の二等分線の作図とみることもできる。

得点 **UP!** 直角を作図したいときは，垂線の作図を利用する。

例題① **垂線の作図 ①**

右の図の △ABC で，辺 BC を底辺としたとき
の高さ AH を作図しなさい。

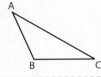

ポイント 高さ AH と BC の延長は垂直に交わる。

解き方と答え

① 辺 BC を延長し，半直線 CB をかく。　　**答**
② 点 A を中心として円をかき，半直線
　 CB との交点を P，Q とする。
③ 2 点 P，Q を中心として等しい半径の
　 円をかき，その交点を R とする。
④ 半直線 AR と半直線 CB との交点を H とする。

例題② **垂線の作図 ②**

円 O の円周上の点 A が接点となるように，円 O の
接線 ℓ を作図しなさい。

ポイント 円の接線は，接点を通る半径に垂直である。

解き方と答え

① 半直線 OA をひく。　　**答**
② 点 A を中心として円をかき，半直線 OA
　 との交点を B，C とする。
③ 点 B，C を中心として，等しい半径の円を
　 かき，その交点を P とする。
④ 直線 AP が接線 ℓ である。
　 └ ∠BAP＝90°

part 1 正負の数
part 2 文字と式
part 3 1次方程式
part 4 比例・反比例
part 5 平面図形
part 6 空間図形
part 7 データの整理

40. いろいろな作図

① 角の作図 ★★

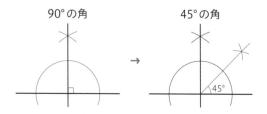

90°の角　　　　　　　　　　　　　45°の角

→

45°

● 90°の角は，直線上に点をとり，その点を通る垂線を作図すれば求めることができる。

● 45°の角は，90°の角の半分の大きさだから，90°の角の二等分線を作図すれば求められる。

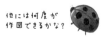

他には何度が
作図できるかな？

② 円の中心の作図 ★★

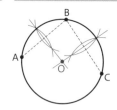

B

A

O

C

Check!

弦の垂直二等分線は，
円の中心を通る。

● 円の中心の作図の手順

① 円周上に，適当な3点 A，B，C をとる。

② 線分 AB の垂直二等分線と，線分 BC の垂直二等分線を作図し，その交点 O が円の中心である。

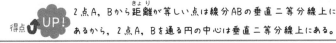

得点 UP! 2点A, Bから距離(きょり)が等しい点は線分ABの垂直二等分線上にあるから, 2点A, Bを通る円の中心は垂直二等分線上にある。

part 1 ＋－×÷ 正負の数

part 2 $\frac{ab}{xy}$ 文字と式

part 3 ８=８ 1次方程式

part 4 ⚡ 比例・反比例

part 5 △ 平面図形

part 6 ☐ 空間図形

part 7 ☐ データの整理

例題① 角の作図

右の図で，∠PAB = 30° となるように，
半直線 AP を作図しなさい。

A ———————— B

ポイント 正三角形の1つの角は 60° である。

解き方と答え

① 2点 A，B を中心として半径 AB の円をかき，
交点を C とする。 **答**

② 点 A，C を結ぶ。△ABC は正三角形だから，
∠CAB = 60° である。

③ ∠CAB の二等分線である半直線 AP を作図する。

例題② 円の中心の作図

右の図のような，3点 A，B，C を通る
円 O を作図しなさい。

C•

A•

B•

ポイント 円の中心は，3点 A，B，C から等しい距離にある。

解き方と答え

① 線分 AB の垂直二等分線と線分 BC の
垂直二等分線を作図し，交点を O とする。 **答**

② 点 O を中心として，半径 OA の円をかく。

41. おうぎ形の弧の長さと面積 ①

① おうぎ形 ★★

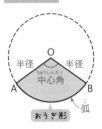

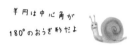

半円は中心角が
180°のおうぎ形だよ

- 2つの半径と弧で囲まれた図形をおうぎ形という。また，おうぎ形で2つの半径がつくる角を**中心角**という。
- 1つの円ではおうぎ形の弧の長さや面積は，中心角に比例する。

② おうぎ形の弧の長さと面積 ★★★

❶ 弧の長さ

$$\ell = 2\pi r \times \frac{a}{360}$$

└─ 円周

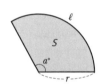

❷ 面積

$$S = \pi r^2 \times \frac{a}{360} \quad \text{または} \quad S = \frac{1}{2}\ell r$$

└─ 円の面積

- おうぎ形の弧の長さや面積は中心角に比例するから，
  半径 r cm，中心角 $x°$ のおうぎ形の弧の長さや面積は，半径 r cm の
  円周 $2\pi r$ cm や面積 πr^2 cm² の $\dfrac{x}{360}$ 倍である。

- $S = \dfrac{1}{2}\ell r$ の公式は，次のように導くことができる。

$$S = \pi r^2 \times \frac{x}{360} = \left(2\pi r \times \frac{x}{360}\right) \times \frac{r}{2} = \ell \times \frac{r}{2} = \frac{1}{2}\ell r$$

part 1 ＋－×÷ 正負の数

part 2 $\frac{ab}{xy}$ 文字と式

part 3 ●＝● 1次方程式

part 4 ↗↘ 比例・反比例

part 5 △ 平面図形

part 6 ▱ 空間図形

part 7 ▯ データの整理

得点 **UP!** おうぎ形の公式を利用するときは，$\frac{a}{360}$ を先に約分しておくとよい。

例題① おうぎ形

円周上に，$\overset{\frown}{AB}$ と長さの等しい $\overset{\frown}{BC}$，$\overset{\frown}{CD}$，……を順にとっていく。

❶ ∠AOD は ∠AOB の大きさの何倍ですか。

❷ 弦 AB×2 と弦 AC では，どちらが長いですか。

ポイント ❷ 1つの円において，弦の長さは中心角に比例しない。

解き方と答え

❶ $\overset{\frown}{AD}=\overset{\frown}{AB}\times3$ だから，∠AOD = 3∠AOB

答 3倍

❷ △ABC を考えると，AC < AB + BC = AB×2 だから，

弦 AC < 弦 AB×2

答 弦 AB×2

例題② おうぎ形の弧の長さと面積

❶ 右のおうぎ形 P の弧の長さを求めなさい。

❷ 右のおうぎ形 P の面積を求めなさい。

❸ 右のおうぎ形 Q の面積を求めなさい。

ポイント 公式を利用して求める。

解き方と答え

❶ $\ell=2\pi r\times\dfrac{a}{360}$ だから，$2\pi\times6\times\dfrac{40}{360}=\dfrac{4}{3}\pi$ (cm)

❷ $S=\pi r^2\times\dfrac{a}{360}$ だから，$\pi\times6^2\times\dfrac{40}{360}=4\pi$ (cm²)

（別解）$S=\dfrac{1}{2}\ell r$ だから，❶より，$\dfrac{1}{2}\times\dfrac{4}{3}\pi\times6=4\pi$ (cm²)

❸ $S=\dfrac{1}{2}\ell r$ だから，$\dfrac{1}{2}\times3\pi\times4=6\pi$ (cm²)

42. おうぎ形の弧の長さと面積 ②

1 おうぎ形の中心角 ★★★

問 半径が 12 cm，弧の長さが 4π cm のおうぎ形の中心角を求めなさい。

解 中心角を $x°$ とすると，弧の長さが 4π cm であることから，

$$4\pi = 2\pi \times 12 \times \frac{x}{360} \quad \leftarrow \ell = 2\pi r \times \frac{a}{360} \text{ を利用}$$

これを解くと，$x = 60$

答 **60°**

● おうぎ形の中心角を求めるときは，中心角を $x°$ として，おうぎ形の弧の長さや面積の公式から方程式をつくる。

2 おうぎ形を組み合わせた図形 ★★

問 右の図は，長方形とおうぎ形を組み合わせたものである。色のついた部分の周の長さと面積を求めなさい。

解 〈周の長さ〉

右の図のアとイの弧の長さの和は，

$$2\pi \times 6 \times \frac{90}{360} \times 2 = 6\pi \text{ (cm)}$$

ウの長さは，$6 \times 2 = 12$ (cm)

よって，色のついた部分の周の長さは，**6π** + 12 (cm)

〈面積〉

長方形の面積は，$6 \times (6 + \mathbf{6}) = 72$ (cm²)

半径 6 cm，中心角 90° のおうぎ形の面積は，

$$\pi \times 6^2 \times \frac{\mathbf{90}}{360} = 9\pi \text{ (cm}^2\text{)}$$

よって，色のついた部分の面積は，

$$72 - \mathbf{9}\pi \times 2 = 72 - 18\pi \text{ (cm}^2\text{)}$$

得点⬆️UP! 複雑な図形の周の長さや面積は、いくつかの図形に分けて考えたり、図形の一部を移動したりして求める。

例題① おうぎ形の中心角

次のおうぎ形の中心角を求めなさい。
① 半径 3 cm，弧の長さ 4π cm のおうぎ形
② 半径 9 cm，面積 18π cm² のおうぎ形

ポイント 中心角を $x°$ として，公式を利用する。

解き方と答え

求める中心角を $x°$ とする。

① $2\pi \times 3 \times \dfrac{x}{360} = 4\pi$ より，$x=240$ **答** 240°

② $\pi \times 9^2 \times \dfrac{x}{360} = 18\pi$ より，$x=80$ **答** 80°

例題② おうぎ形を組み合わせた図形

右の図は，半径 8 cm，中心角 90° のおうぎ形と直径 8 cm の半円を組み合わせたものである。色のついた部分の周の長さと面積を求めなさい。

8cm

8cm

ポイント いくつかの図形に分けて考える。

解き方と答え

〈周の長さ〉

$$\underbrace{8\pi \times \dfrac{1}{2}}_{半円の弧} + \underbrace{2\pi \times 8 \times \dfrac{90}{360}}_{中心角 90° のおうぎ形の弧} + \overset{直線部分}{8} = 4\pi + 4\pi + 8 = 8\pi + 8 \,(\text{cm})$$

〈面積〉

$$\underbrace{\pi \times 8^2 \times \dfrac{90}{360}}_{中心角 90° のおうぎ形の面積} - \underbrace{\pi \times 4^2 \times \dfrac{1}{2}}_{半円の面積} = 16\pi - 8\pi = 8\pi \,(\text{cm}^2)$$

part 1 正負の数・×÷
part 2 文字と式 axy
part 3 1次方程式
part 4 比例・反比例
part 5 平面図形
part 6 空間図形
part 7 データの整理

📝 まとめテスト

月　　日

解答

□❶ 直線 AB のうち点 A から点 B までの部分を何といいますか。

❶ 線分 AB

□❷ ❶を点 A の方向に延長したものを何といいますか。

❷ 半直線 BA

□❸ 円周上の 2 点 P，Q を両端とする円周の一部分を何といいますか。

❸ 弧 PQ

□❹ ❸の 2 点 P，Q を結ぶ線分を何といいますか。

❹ 弦 PQ

□❺ 右の図について，次の角の大きさを答えなさい。
① ∠AOP
② ∠COQ

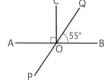

❺ ① 55°
　② 35°

解き方 ② ∠COB = 90° だから，
90° − 55° = 35°

□❻ 同じ平面にある 3 直線 ℓ，m，n の位置関係について，ア〜ウのうち正しいものを選びなさい。

ア ℓ//m，m//n ならば ℓ⊥n である。

イ ℓ⊥m，m//n ならば ℓ⊥n である。

ウ ℓ⊥m，ℓ⊥n ならば m⊥n である。

❻ イ

□❼ 右の図は，長方形を合同な 8 個の直角三角形に分けた図形である。

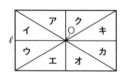

① アを点 O を回転の中心として回転移動させると重なる図形を答えなさい。

② イを直線 ℓ を対称の軸として対称移動し，さらに平行移動させると重なる図形を答えなさい。

❼ ① オ
　② ク

解き方 ② イを直線 ℓ を対称の軸として対称移動すると，ウに重なる。ウを平行移動して重なる図形はクである。

□⑧ 右の図で，点 A は円 O の接点である。∠x，∠y の大きさを求めなさい。

□⑨ 右の 3 点を通る円の中心 O を作図しなさい。

□⑩ 次の手順で作図したとき，∠CAD の大きさを答えなさい。
　①直線上の 2 点 A，B を中心として，半径 AB の円をかき，交点を C, D とする。
　②点 A と C，点 B と C，点 A と D，点 B と D を結ぶ。

□⑪ 半径 5 cm で中心角が 72° のおうぎ形の周りの長さを求めなさい。

□⑫ 半径 8 cm で弧の長さが 2π cm であるおうぎ形の中心角を求めなさい。

□⑬ 中心角が 120° のおうぎ形 A と中心角が 80° のおうぎ形 B がある。2 つのおうぎ形の半径が等しいとき，おうぎ形 B の面積は A の面積の何倍になるか求めなさい。

□⑭ 右の図は半径 2 cm の半円を A を中心に反時計回りに 45° 回転させたものである。色のついた部分の面積を求めなさい。

⑧ ∠x=90°，∠y=115°

⑨

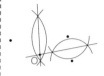

⑩ 120°

解き方 △ ABC，△ ABD は正三角形になる。

⑪ $(2\pi + 10)$ cm

解き方 $2\pi \times 5 \times \dfrac{72}{360} + 5 \times 2$
$= 2\pi + 10$ (cm)

⑫ 45°

解き方 中心角を x° とすると，$2\pi \times 8 \times \dfrac{x}{360}$
$= 2\pi$ より，$x=45$

⑬ $\dfrac{2}{3}$ 倍

⑭ $(\pi + 2)$ cm²

解き方 色のついている部分は斜線部分と同じ面積である。

図のように補助線をひくと，
$\pi \times 2^2 \times \dfrac{90}{360} + 2 \times 2 \times \dfrac{1}{2}$
$= \pi + 2$ (cm²)

part 1 正負の数　×÷
part 2 文字と式 xy
part 3 1次方程式
part 4 比例・反比例
part 5 平面図形
part 6 空間図形
part 7 データの整理

part6 空間図形

43. いろいろな立体

1 いろいろな立体★★

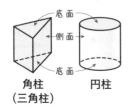

角柱
（三角柱）　　　円柱　　　角錐
（三角錐）　　　円錐

- 底面が三角形，四角形，……の角錐を，それぞれ三角錐，四角錐，……という。

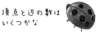
頂点と辺の数は
いくつかな

2 正多面体★★

正四面体　　　正六面体　　　正八面体

正十二面体　　　正二十面体

Check!
正六面体は，
立方体である。

- 平面だけで囲まれた立体を**多面体**といい，その面の数によって，四面体，五面体，六面体，……という。

　例 三角柱は面が5つあるから，五面体である。

- どの面も合同な正多角形で，どの頂点に集まる面の数も同じである，へこみのない多面体を正多面体という。

- 正多面体は，正四面体，正六面体，正八面体，正十二面体，正二十面体の5種類しかない。

円柱，円錐，球などは曲面（曲がった面）をふくむので，多面体ではない。

例題 ① 角錐と円錐

❶ 2つの立体A，Bは，それぞれ ア，イ といい，特に立体Bの底面が正方形のとき， ウ という。

❷ 頂点から，底面に垂直にひいた線分の長さが，これらの立体の □ である。

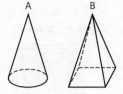

ポイント ❶ 底面の形に着目する。

解き方と答え

❶ ア…円錐
　イ…四角錐
　ウ…正四角錐

❷ 高さ（右の図のようになる。）

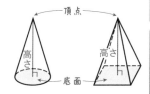

例題 ② 正多面体

右の図は，正三角形8つからなるある立体の展開図である。

❶ この立体は何ですか。

❷ 面アに平行な面はどれですか。

❸ 頂点の数，辺の数はいくつですか。

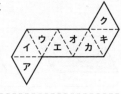

ポイント 面が正三角形の正多面体の面の数は 4，8，20

解き方と答え

❶ 展開図を組み立てると，右の図のようになるから，
正八面体

❷ 面ク

❸ 頂点の数 6，辺の数 12

part 1 正の数・負の数
part 2 文字と式 ab xy
part 3 1次方程式
part 4 比例・反比例
part 5 平面図形
part 6 空間図形
part 7 データの整理

44. 直線や平面の位置関係 ①

1 平面の決定★

2点 A，B をふくむ
平面は，**無数**

2点 A，B と直線 AB 上にない
点 C を通る平面は，**1つ**

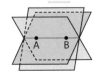 →

> 同じ直線上にない 3 点をふくむ平面は，ただ 1 つに決まる。

● 直線を限りなくのびているものと考えるのと同じように，平面は限り
なく広がっている平らな面と考える。

2 2直線の位置関係★★

❶ 交わる　　　　❷ 平行　　　　❸ ねじれの位置
　　　　　　　　　　　　　　　　└ 平行でなく交わらない

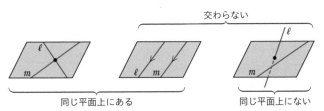

交わらない

同じ平面上にある　　　　　　　同じ平面上にない

● 空間内で，平行でなく，交わらない 2 つの直線は，ねじれの位置に
あるという。
● 平面上では，交わらない 2 つの直線は「平行」であるが，空間内では，
交わらない 2 つの直線は「平行」と「ねじれの位置」の 2 通りの場
合がある。

得点 **UP!** 交わる2直線，平行な2直線はそれぞれ同じ平面上にあるが，ねじれの位置にある2直線は，同じ平面上にない。

例題① 平面の決定

次の直線や点をふくむ平面は，ただ1つに決まりますか。

① 交わる2直線　　　　　　② 平行な2直線

③ 1つの直線とその直線上にある1点

ポイント 同じ直線上にない3点があれば決定する。

解き方と答え

① 決まる　　　② 決まる　　　③ 決まらない

Check!

③ 平面が1つに決まるのは，1つの直線とその直線上にない1点をふくむときである。

例題② 空間内の3直線

空間内の3直線 ℓ, m, n について，次のことがらは正しいといえますか。

① $\ell /\!/ m$, $\ell /\!/ n$ のとき，$m /\!/ n$ である。

② $\ell \perp m$, $\ell \perp n$ のとき，$m /\!/ n$ である。

ポイント 3本の鉛筆で考えるか，図にかいて考える。

解き方と答え

① いえる　　　　　　　　② いえない

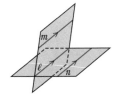

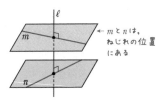

← m と n は，ねじれの位置にある

1 直線と平面の位置関係 ★★

❶ 平面上にある

❷ 交わる

❸ 平行

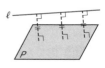

● ❸のように，直線 ℓ と平面 P が出あわないとき，直線 ℓ と平面 P は平行であるといい，ℓ//P と表す。

● 直線 ℓ が平面 P との交点 O を通る P 上のすべての直線に垂直であるとき，ℓ と P は垂直であるといい，ℓ⊥P と表す。また，直線 ℓ を平面 P の垂線という。

2 2平面の位置関係 ★★

❶ 交わる

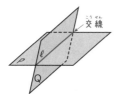
交線

❷ 平行

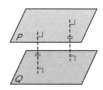

● ❶のように，2つの平面が交わってできる直線を交線という。

● ❷のように，2つの平面 P，Q が交わらないとき，平面 P と平面 Q は平行であるといい，P//Q と表す。

● 2平面 P，Q が交わるとき，平面 P に垂直な直線 ℓ を平面 Q がふくんでいるとき，2つの平面 P，Q は垂直であるといい，P⊥Q と書く。

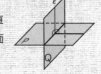

part
1
＋－×÷
正の数・負の数

part
2
a b
x y
文字と式

part
3
●=●
1次方程式

part
4
比例・反比例

part
5
平面図形

part
6
空間図形

part
7
データの整理

得点UP! 直線 ℓ が平面 P にふくまれるとき、「直線 ℓ は平面 P 上にある」という。

例題① 直線や平面の位置関係

空間内の直線や平面について、次のことがらは正しいといえますか。

① 同じ平面 P に垂直な 2 直線 ℓ, m は、平行である。

② 同じ直線 ℓ に垂直な平面 P と直線 m は、平行である。

ポイント 平面上では、同じ直線に垂直な 2 直線は平行である。

解き方と答え

① いえる

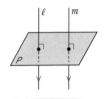

② いえない

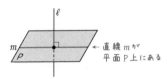

← 直線 m が平面 P 上にある

テストで注意

成り立たない例が1つでもあれば、正しいとはいえない。

例題② 平面の位置関係

次のことがらは正しいといえますか。

① 平面 P に垂直な 2 平面 Q, R は、平行である。

② 平行な 2 平面 P, Q の一方に垂直な平面 R は、他方にも垂直である。

ポイント 机の面や厚紙を使って考えるとよい。

解き方と答え

① いえない

② いえる

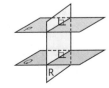

46. 線や面を動かしてできる立体

① 線や面を動かしてできる立体 ★

❶ 線分 AB を円に垂直に立てて
動かす。

❷ 三角形を，それと垂直な方向
に動かす。

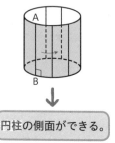

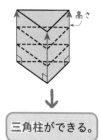

↓

↓

円柱の側面ができる。

三角柱ができる。

● 線分が動くと面ができる。

● 平面図形が，その面に垂直な方向に一定距離だけ動くと，柱体(角柱
や円柱)ができる。動いた距離が高さとなる。

② 回転体 ★★★

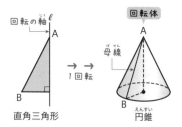

● 平面図形を，その平面上の直線 ℓ のまわりに１回転させてできる立
体を回転体といい，直線 ℓ を**回転の軸**という。また，回転体の側面
をつくるもとになる線分を**母線**という。

● 回転体を，軸に垂直な平面で切ると，切り口は円になる。

得点 ↑UP! 回転体を回転の軸をふくむ平面で切ると, その切り口は回転の軸を対称の軸とする線対称な図形になる。

例題① 面が動いたあと

右の図のような, 3辺の長さがそれぞれ 3 cm, 4 cm, 5 cm である直方体がある。この直方体は, どの面がどのように動くとできると考えられますか。すべて答えなさい。

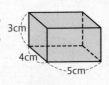

ポイント 長方形がその面に垂直に動くと直方体ができる。

解き方と答え

次の3つの場合が考えられる。

㋐ 縦と横の長さが 3 cm, 4 cm の長方形が, 面に垂直に 5 cm 動く。

㋑ 縦と横の長さが 3 cm, 5 cm の長方形が, 面に垂直に 4 cm 動く。

㋒ 縦と横の長さが 4 cm, 5 cm の長方形が, 面に垂直に 3 cm 動く。

例題② 回転体

底面の円の半径 3 cm, 高さ 5 cm の円柱がある。この立体は, どんな図形を, どのように1回転させてできた立体といえますか。

ポイント 軸をふくむ切り口の半分がもとの図形になる。

解き方と答え

次の図のように考える。

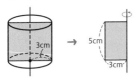

答 縦 5 cm, 横 3 cm の長方形を, 縦の辺を軸として1回転させてできた立体。

46 | 線や面を動かしてできる立体 107

part 1 ＋－×÷ 正負の数

part 2 ab xy 文字と式

part 3 1次方程式

part 4 比例・反比例

part 5 平面図形

part 6 空間図形

part 7 データの整理

47. 投影図と立体の切断

① 投影図 ★★★

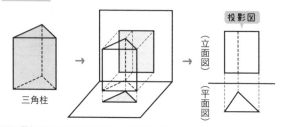

三角柱　→　→　投影図（立面図）（平面図）

● 立体を正面から見た図を**立面図**，真上から見た図を**平面図**といい，これらを組み合わせた図を投影図という。

● 投影図では，実際に見える辺は実線——で表し，見えない辺は破線----で表す。

どんな切り口ができるかな

② 立体の切断 ★

立方体を平面で切ると，次のようないろいろな形ができる。

❶ 三角形

❷ 四角形

❸ 五角形

● 平面は3点で決まるので，立体を平面で切るとき，平面が通る3点が決まれば，切り口の形も決まる。

● 次のような方法で立体の切り口を求めることができる。

　① 同じ面にある2点は直線で結ぶ。

　② 平行な面に切り口ができる場合，それぞれの面にできる切り口の線が平行になるようにひく。

　③ すべての切り口の線が立体の表面上になるように直線で結ぶ。

part
1
÷×
正の数・
負の数

part
2
ab
xy
式文字と

part
3
方程式
1次

part
4
比例・
反比例

part
5
図形
平面

part
6
図形
空間

part
7
整理
データの

得点 UP! 投影図では，立面図と平面図だけでは立体が1つに決まらない場合，真横から見た図を加えて表すことがある。

例題①　投影図

次の投影図で表された立体の名前を答えなさい。

❶ 　❷ 　❸

ポイント 立面図→正面から見た図，平面図→真上から見た図

解き方と答え

角柱や円柱では立面図は長方形，角錐や円錐では立面図は三角形になる。
球は，どの方向から見ても円になる。

答 ❶ 円柱　❷ 円錐　❸ 球

例題②　立方体の切断

右の図の立方体を，次の平面で切ったとき，どのような切り口になりますか。

❶ 3点 A, C, F を通る平面
❷ 3点 A, C, E を通る平面

ポイント その平面が立方体のどの頂点や辺と交わるかを考える。

解き方と答え

❶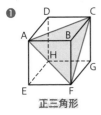
正三角形

❷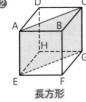
長方形

👆 テストで注意

❷
内部の線

これはまちがい！

48. 角柱・円柱の体積と表面積

1 角柱・円柱の見取図と展開図 ★★

❶ 角柱（正三角柱）

見取図

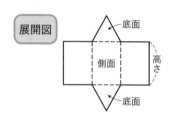

展開図

❷ 円柱

見取図

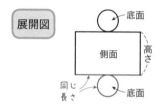

展開図

● 角柱や円柱の展開図で，側面になる長方形の横の長さは，底面の多角形や円の周の長さに等しい。

2 角柱・円柱の体積と表面積 ★★★

❶ **体積＝底面積×高さ**

❷ **表面積＝側面積＋底面積×2**
　側面積＝高さ×底面の周の長さ

● 立体のすべての面の面積を**表面積**，側面全体の面積を**側面積**，1つの底面の面積を**底面積**という。

● 角柱，円柱の底面積を S，高さを h とすると，体積 V は，$V = Sh$
　特に，円柱では底面の半径を r とすると，$V = \pi r^2 h$

得点 **UP!** 角柱・円柱には底面が2つあるから，表面積を求めるときは，底面積を2倍するのを忘れないように注意する。

例題① **角柱・円柱の体積と表面積**

次の角柱・円柱の体積と表面積を求めなさい。

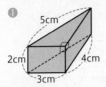 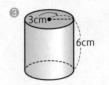

ポイント 表面積は展開図の面積と等しくなる。

解き方と答え

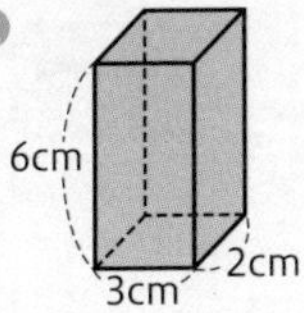

❶ 〈体積〉

底面積は $\dfrac{1}{2} \times 3 \times 4 = 6$ (cm²) だから，$6 \times 2 = 12$ (cm³)

〈表面積〉

展開図は右の図のようになる。

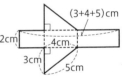

側面積は $2 \times (3 + 4 + 5) = 24$ (cm²) だから，

$24 + 6 \times 2 = 36$ (cm²)

❷ 〈体積〉

底面積は $3 \times 2 = 6$ (cm²) だから，$6 \times 6 = 36$ (cm³)

〈表面積〉

展開図は右の図のようになる。

側面積は $6 \times (2 \times 2 + 3 \times 2) = 60$ (cm²) だから，

$60 + 6 \times 2 = 72$ (cm²)

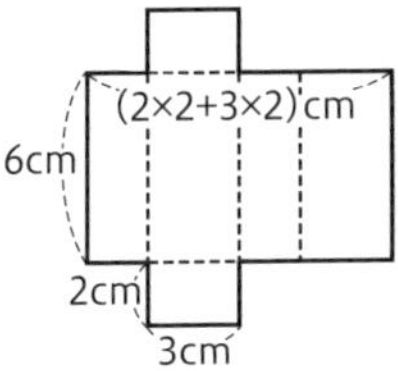

❸ 〈体積〉

底面積は $\pi \times 3^2 = 9\pi$ (cm²) だから，$9\pi \times 6 = 54\pi$ (cm³)

〈表面積〉

展開図は右の図のようになる。

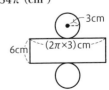

側面積は $6 \times (2\pi \times 3) = 36\pi$ (cm²) だから，

$36\pi + 9\pi \times 2 = 54\pi$ (cm²)

part 1 ＋－×÷ 正の数 負の数

part 2 ab xy 文字と式

part 3 ■=■ 1次方程式

part 4 ∜ 比例・反比例

part 5 △ 平面図形

part 6 ✧ 空間図形

part 7 ▭ データの整理

49. 角錐・円錐の体積と表面積 ①

1 角錐・円錐の見取図と展開図 ★★

● 角錐（正四角錐）

見取図

展開図

側面

底面

側面

❷ 円錐

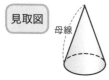

見取図

母線

展開図　母線

側面

同じ長さ

底面

● 円錐の側面の展開図はおうぎ形で，半径は円錐の母線の長さ，弧の長さは底面の円周の長さである。

2 角錐・円錐の表面積と体積 ★★★

● 表面積＝側面積＋底面積

❷ 体積＝$\dfrac{1}{3}$×底面積×高さ

● 角錐・円錐の体積は，底面積が等しく高さも等しい角柱・円柱の体積の$\dfrac{1}{3}$になる。

● 角錐，円錐の底面積をS，高さをhとすると，体積Vは，$V=\dfrac{1}{3}Sh$

　特に，円錐では底面の半径をrとすると，$V=\dfrac{1}{3}\pi r^2 h$

得点 UP! 正三角錐, 正四角錐, ……の側面は, すべて合同な二等辺三角形である。

例題① 角錐・円錐の体積

次の角錐・円錐の体積を求めなさい。

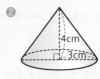

ポイント 体積 $=\dfrac{1}{3}\times$ 底面積 $\times$ 高さ で求める。

解き方と答え

① 底面積は $\dfrac{1}{2}\times 10 \times 5 = 25$ (cm²) だから, $\dfrac{1}{3}\times 25 \times 9 = 75$ (cm³)

② 底面積は $\pi \times 3^2 = 9\pi$ (cm²) だから, $\dfrac{1}{3}\times 9\pi \times 4 = 12\pi$ (cm³)

例題② 角錐の表面積

右の正四角錐の表面積を求めなさい。

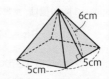

ポイント 表面積 $=$ 側面積 $+$ 底面積 で求める。

解き方と答え

展開図は右の図のようになる。

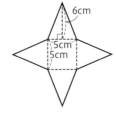

底面積は, $5\times 5 = 25$ (cm²)

側面積は, $\dfrac{1}{2}\times 5 \times 6 \times 4 = 60$ (cm²)

よって, $60 + 25 = 85$ (cm²)

part 1 ＋-÷ 正負の数・

part 2 ab xy 式と文字

part 3 ■=■ 1次方程式

part 4 ⅟ 比例・反比例

part 5 △ 平面図形

part 6 ◇ 空間図形

part 7 📖 データの整理

50. 角錐・円錐の体積と表面積 ②

① 円錐の表面積 ★★★

問 右の円錐について，次の問いに答えなさい。

❶ 側面になるおうぎ形の中心角の大きさを求めなさい。

❷ 表面積を求めなさい。

解 ❶ 右の展開図で，側面のおうぎ形の中心角を $x°$ とする。

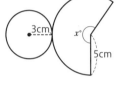

側面のおうぎ形の弧の長さと底面の円周の長さは等しいから，

$$\underset{\text{側面の弧の長さ}}{2\pi \times 5 \times \frac{x}{360}} = \underset{\text{底面の円周の長さ}}{2\pi \times 3}$$

これを解くと，$x = 216$

答 216°

❷ ❶より，側面積は，$\pi \times 5^2 \times \dfrac{216}{360} = 15\pi$ (cm²)

底面積は $\pi \times 3^2 = 9\pi$ (cm²) だから，

$15\pi + 9\pi = 24\pi$ (cm²)

答 24π cm²

● 1つの円でおうぎ形の弧の長さは中心角に比例するから，円錐の母線の長さを R，底面の半径を r とすると，側面になるおうぎ形の中心角は，$360° \times \dfrac{2\pi r}{2\pi R} = 360° \times \dfrac{r}{R}$ で求めることができる。

例 問 で，側面になるおうぎ形の中心角は，$360° \times \dfrac{3}{5} = 216°$

● おうぎ形の面積は $\dfrac{1}{2} \times$ 弧の長さ × 半径 で求められるから，円錐の側面積は，$\dfrac{1}{2} \times 2\pi r \times R = \pi r R$ で求めることができる。

例 問 で，円錐の側面積は，$\pi \times 3 \times 5 = 15\pi$ (cm²)

得点 **UP!** 円錐の側面の中心角を$x°$とすると，$\dfrac{x}{360}$と$\dfrac{\text{底面の半径}}{\text{母線の長さ}}$は等しい。

例題① 円錐の表面積

右の円錐について，次の問いに答えなさい。

① 側面になるおうぎ形の中心角を求めなさい。

② 側面積を求めなさい。

③ 表面積を求めなさい。

ポイント 側面のおうぎ形の弧の長さ＝底面の円周の長さ

解き方と答え

① 右の展開図で，側面のおうぎ形の中心角を$x°$と
すると，

$$2\pi \times 12 \times \dfrac{x}{360} = 2\pi \times 5$$

これを解くと，$x = 150$ **答** $150°$

（別解）$360° \times \dfrac{5}{12} = 150°$

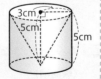

② ①より，側面積は，$\pi \times 12^2 \times \dfrac{150}{360} = 60\pi$ （cm²）

（別解）$\pi \times 5 \times 12 = 60\pi$ （cm²）

③ 底面積は $\pi \times 5^2 = 25\pi$ （cm²）だから，$60\pi + 25\pi = 85\pi$ （cm²）

例題② 円錐をくりぬいた立体の体積

右の図は，円柱から円錐をくりぬいた立体である。この立体の体積を求めなさい。

ポイント 円柱の体積ー円錐の体積

解き方と答え

$$\pi \times 3^2 \times 5 - \dfrac{1}{3} \times \pi \times 3^2 \times 5 = 45\pi - 15\pi = 30\pi \ (\text{cm}^3)$$

月　日

51. いろいろな立体の体積と表面積

① 球の表面積と体積★★★

半径 r の球の表面積を S，体積を V とすると，

❶ **表面積 $S = 4\pi r^2$**

❷ **体積 $V = \dfrac{4}{3}\pi r^3$**

> **Check!**
>
> 球の表面積と体積の公式は，次のように覚えるとよい。
>
> 表面積　$\underset{4}{\text{心}}\ \underset{\pi}{\text{配}}\ \underset{r}{\text{ある}}\ \underset{2乗}{\text{事情}}$
>
> 体積　$\underset{\frac{4}{3}}{\text{身の上に}}\ \underset{\pi}{\text{心}}\ \underset{r}{\text{配あるので}}\ \underset{3乗}{\text{参上}}$

公式を
覚えよう！

② 回転体の表面積や体積★★

問 右の半円を直線 ℓ を軸として回転させたときできる
立体の表面積と体積を求めなさい。

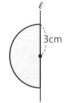

ℓ

3cm

解 右の図のような球ができる。

〈表面積〉

$S = 4\pi r^2$ より，$4\pi \times 3^2 = 36\pi$ (cm^2)

〈体積〉

$V = \dfrac{4}{3}\pi r^3$ より，$\dfrac{4}{3}\pi \times 3^3 = 36\pi$ (cm^3)

3cm

得点 UP! 球は他の立体のように展開図をかいて表面積を求めることはできないので、公式を利用しよう。

例題 ① 球の表面積や体積

右の図のような半球の表面積と体積を求めなさい。

6cm

ポイント 表面積は、曲面部分と平面部分の和を求める。

解き方と答え

〈表面積〉

半球の曲面部分の面積は、$4\pi \times 6^2 \times \dfrac{1}{2} = 72\pi$ (cm²)

平面部分の面積は、$\pi \times 6^2 = 36\pi$ (cm²)

よって、$72\pi + 36\pi = 108\pi$ (cm²)

〈体積〉

半径 6 cm の球の半分だから、$\dfrac{4}{3}\pi \times 6^3 \times \dfrac{1}{2} = 144\pi$ (cm³)

例題 ② 回転体の体積

右の平面図形を直線 ℓ を軸として回転させたときできる立体の体積を求めなさい。

ℓ
2cm
2cm
3cm

ポイント 円錐と円柱を組み合わせた立体ができる。

解き方と答え

右の図のような立体ができるので、

$\dfrac{1}{3} \times \pi \times 3^2 \times 2 + \pi \times 3^2 \times 2 = 24\pi$ (cm³)

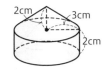
2cm 3cm
2cm

part 1 ＋－×÷ 正負の数

part 2 $\substack{a\,b\\x\,y}$ 文字と式

part 3 ■＝■ 1次方程式

part 4 ⅍ 比例・反比例

part 5 △ 平面図形

part 6 ☆ 空間図形

part 7 □ データの整理

📝 まとめテスト

解答

□❶ 次の立体の頂点，面，辺の数を表にかきなさい。

	頂点	面	辺
正四面体			
立方体			
正八面体			
四角錐			
六角柱			

❶

頂点	面	辺
4	4	6
8	6	12
6	8	12
5	5	8
12	8	18

□❷ 同一でない平面 P，Q，R と直線 ℓ，m について，次の**ア**〜**カ**のうち正しいものをすべて選びなさい。

ア P⊥ℓ，P⊥m ならば，ℓ//m

イ ℓ//P，ℓ//R ならば，P//R

ウ P⊥R，Q⊥R ならば，P//Q

エ ℓ//Q，m//Q ならば，ℓ//m

オ P⊥R，P//ℓ ならば，R//ℓ

カ P//R，P⊥Q ならば，Q⊥R

❷ **ア，カ**

□❸ 次の投影図で表された立体として正しいものを下の**ア**〜**オ**から選びなさい。

❸ ① **イ**
② **エ**
③ **オ**

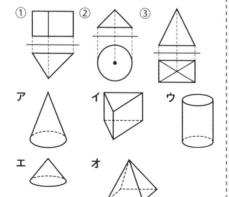

□④ 右の図の立方体を，次の平面で切ったときの切り口の形を答えない。ただし，点 P, Q は 辺 BC, CD の中点である。
　①3 点 B, D, E を通る平面
　②3 点 C, D, F を通る平面
　③3 点 F, P, Q を通る平面

□⑤ 次の図形を，直線 ℓ について回転させてできる立体の表面積を求めなさい。

①
②

□⑥ 次の図形を，直線 ℓ について回転させてできる立体の体積を求めなさい。

①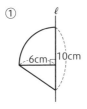
②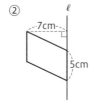

□⑦ 右の図は正八面体の展開図である。
　①アの面と平行な面を答えなさい。
　②辺 CD と重なる辺を答えなさい。

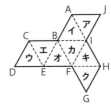

---

④ ① 正三角形
　② 長方形
　③ 台形（等脚台形）

⑤ ① 20π cm²
　② 36π cm²

⑥ ① 192π cm³
　② 245π cm³

解き方 ① 半径 6 cm の半球の体積と，底面の半径が 6 cm，高さが 4 cm の円錐の体積の和を求める。
② 底面の半径が 7 cm，高さが 5 cm の円柱の体積と等しくなる。

⑦ ① 面オ
　② 辺 AJ

解き方 重なる頂点は下の図のようになる。

part 1 ＋−×÷ 正の数・負の数
part 2 $\frac{ab}{xy}$ 文字と式
part 3 ■=■ 1次方程式
part 4 ⚹ 比例・反比例
part 5 △ 平面図形
part 6 ▽ 空間図形
part 7 □ データの整理

データの
整理

52. 度数分布表とヒストグラム

① 度数分布表 ★★★

身長の度数分布表

階級(cm)	度数(人)
以上　未満	
150〜155	3
155〜160	4
160〜165	6
165〜170	5
170〜175	2
計	20

階級
データを整理するための区間
155 cm 以上 160 cm 未満など

階級の幅
区間の幅
5 cm（一定）

階級値
階級の中央の値
150 cm 以上 155 cm 未満の階
級では，152.5 cm

度数
各階級にはいるデータの個数
3 人，4 人など

● データをいくつかの階級に分け，階級に応じた度数を示して，データ
のようすをわかりやすくした表を度数分布表という。

② ヒストグラム ★★

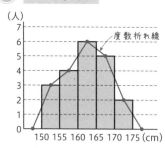

度数折れ線

Check!
度数折れ線をかくとき，
両端は度数 0 の階級が
あるものと考えて，線分
を横軸までのばす。

● 上の柱状グラフは，①の度数分布表を表したものである。柱状グラフ
のことをヒストグラムともいう。
● ヒストグラムの各長方形の上の辺の中点を結んでできる折れ線グラフ
を度数折れ線または**度数分布多角形**という。

得点 UP! ヒストグラムに表すと、データの分布のようすがよくわかる。
また、目的に応じて階級の幅を変えてかくことも大切である。

part
1
正の数・
負の数

part
2
a b
x y
文字と式

part
3
1次
方程式

part
4
比例・
反比例

part
5
平面
図形

part
6
空間
図形

part
7
データの
整理

例題 ① 度数分布表

右の表は、1年男子の身長を度数分布
表にまとめたものである。

① x の値を求めなさい。

② 階級の幅はいくらですか。

③ 身長が 160 cm 未満の生徒は全体の
何%ですか。

身長(cm)	度数(人)
以上 未満	
145〜150	3
150〜155	6
155〜160	12
160〜165	x
165〜170	7
170〜175	2
計	40

ポイント ③ 160 cm 未満は、145 cm 以上 160 cm 未満で求める。

解き方と答え

① $x = 40 - (3 + 6 + 12 + 7 + 2) = 10$

② 5 cm

③ 160 cm 未満の人数は $3 + 6 + 12 = 21$ (人) だから、

$21 \div 40 \times 100 = 52.5$ (%)

例題 ② ヒストグラム

右の図は、ある中学校の1年女
子 50 人のハンドボール投げの測定結
果をまとめ、ヒストグラムに表した
ものである。

① 15 m 投げた人は、どの階級に属
しますか。

② 18 m 以上投げた生徒の人数は、全体の何%ですか。

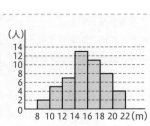

ポイント 長方形の高さが、その階級の度数を表す。

解き方と答え

① 14 m 以上 16 m 未満の階級

② 18 m 以上投げた人の人数は、$8 + 4 = 12$ (人)

$12 \div 50 \times 100 = 24$ (%)

月　　日

53. 代表値と相対度数

1 代表値★★

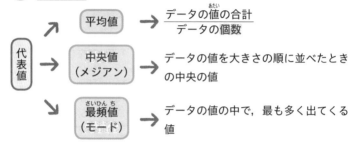

代表値

→ 平均値 → $\dfrac{\text{データの値の合計}}{\text{データの個数}}$

→ 中央値（メジアン） → データの値を大きさの順に並べたときの中央の値

↘ 最頻値（モード） → データの値の中で，最も多く出てくる値

● 度数分布表から平均値を求めるとき，各階級に入っているデータの値は，すべてその階級の階級値に等しいものとみなす。

平均値 = $\dfrac{(\text{階級値×度数})\text{の合計}}{\text{度数の合計}}$

● 中央値を求めるとき，データの総数が偶数の場合は，中央にある2つの値の平均を中央値とする。

● 度数分布表から最頻値を求めるとき，度数が最も大きい階級の階級値を最頻値とする。

● データのとる値のうち，最大の値と最小の値の差を範囲（レンジ）という。範囲 = 最大値 − 最小値

2 相対度数★★★

垂直とび

階級(cm)	度数(人)	相対度数
以上　未満		
30 ～35	4	0.20
35 ～40	7	0.35
40 ～45	6	0.30
45 ～50	3	0.15
計	20	1.00

←7÷20=0.35

相対度数 = $\dfrac{\text{その階級の度数}}{\text{度数の合計}}$

● 各階級の度数の，度数の合計に対する割合を相対度数という。

得点⤴UP! 全体の分布から極端にかけ離れた値があるとき，平均値はその影響を大きく受けるが，中央値や最頻値はあまり影響を受けない。

例題① 代表値

右の表は，あるクラスのテストの得点を表したものである。

得点(点)	4	5	6	7	8	9	10
人数(人)	2	2	7	6	5	2	1

❶ 平均値を求めなさい。

❷ 範囲(レンジ)を求めなさい。

❸ 中央値(メジアン)を求めなさい。

ポイント ❶ 平均値＝データの値の合計÷データの個数

解き方と答え

❶ 得点の合計は，

$4 \times 2 + 5 \times 2 + 6 \times 7 + 7 \times 6 + 8 \times 5 + 9 \times 2 + 10 \times 1 = 170$ (点)

人数の合計は，$2+2+7+6+5+2+1=25$ (人) だから，

$170 \div 25 = 6.8$ (点)

❷ 範囲＝最大値－最小値 だから，$10-4=6$ (点)

❸ このクラスは 25 人いるから，中央の 13 番目の値を求めると，7 点。

例題② 相対度数と最頻値

右の度数分布表は，あるクラスの身長を調べた結果である。

階級(cm)	度数(人)
以上 未満	
150〜155	3
155〜160	10
160〜165	12
165〜170	4
170〜175	1
計	30

❶ 150 cm 以上 155 cm 未満の階級の相対度数を求めなさい。

❷ 最頻値(モード)を求めなさい。

ポイント ❷ 度数の最も多い階級の階級値

解き方と答え

❶ その階級の度数÷度数の合計 だから，$3 \div 30 = 0.1$

❷ 度数の最も多いのは 160 cm 以上 165 cm 未満の階級だから，

$(160+165) \div 2 = 162.5$ (cm)

part 1 ＋×÷ 正負の数

part 2 ab 文字と式

part 3 ＝ 1次方程式

part 4 ⚡ 比例・反比例

part 5 △ 平面図形

part 6 ⬡ 空間図形

part 7 📖 データの整理

データの整理

54. 累積度数と確率

1 累積度数と累積相対度数 ★★

体重(kg)	度数(人)	相対度数	累積度数(人)	累積相対度数
以上　未満				
35 ～40	6	0.15	6	0.15
40 ～45	12	0.30	18	0.45
45 ～50	10	0.25	28	0.70
50 ～55	8	0.20	36	0.90
55 ～60	4	0.10	40	1.00
計	40	1.00		

（累積度数）最初の階級からその階級までの度数の合計

（累積相対度数）最初の階級からその階級までの相対度数の合計

- 累積度数を使うと，ある階級未満，またはある階級以上の度数を知ることができる。また，累積相対度数を使うと，ある階級未満，またはある階級以上の度数の全体に対する割合を知ることができる。

2 相対度数と確率 ★

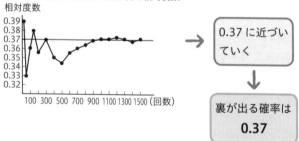

びんの王冠を投げたときの裏が出る相対度数

相対度数

→ 0.37 に近づいていく

↓

裏が出る確率は **0.37**

- 多数回の実験の結果，あることがらの起こる相対度数がある一定の値に近づくとき，その値でことがらの起こりやすさを表すことができる。
- あることがらの起こりやすさの程度を表す値を，そのことがらの起こる確率という。

得点 UP！　確率が p であるということは，同じ実験を繰り返すとき，そのことがらの起こる相対度数が限りなく p に近づくということである。

例題① 累積度数と累積相対度数

下の表はある学年の生徒 50 人について，通学にかかる時間を調べて，度数分布表に表したものである。ア～オにあてはまる数を答えなさい。

所要時間(分)	人数(人)	相対度数	累積度数(人)	累積相対度数
0～10	8	0.16		ウ
10～20	13	0.26	ア	
20～30	19	0.38		エ
30～40	6	0.12	イ	
40～50	4	0.08		オ
計	50	1.00		

ポイント 最初の階級からの合計を求める。

解き方と答え

ア…$8+13=21$　イ…$21+19+6=46$

ウ…0.16　エ…$0.16+0.26+0.38=0.80$

オ…$0.80+0.12+0.08=1.00$

計算ミスに気をつけよう

例題② 相対度数と確率

下の表は，あるペットボトルのキャップを投げて，表向きになった回数を調べた結果である。

投げた回数	200	500	1000	2000
表向きの回数	42	100	198	410

❶ 表向きになる確率はいくつと考えられますか。四捨五入して，小数第 2 位まで求めなさい。

❷ 3000 回投げたとき，およそ何回表向きになると考えられますか。

ポイント 多数回の実験では，相対度数を確率と考える。

解き方と答え

❶ 2000 回投げたとき，表向きになった相対度数は，

$410÷2000=0.205 → 0.21$　よって，表向きになる確率は 0.21

❷ $3000×0.21=630$（回）　　　**答** およそ 630 回

part 1 正負の数 ÷
part 2 文字と式 $\frac{ab}{xy}$
part 3 1 次方程式
part 4 比例・反比例
part 5 平面図形
part 6 空間図形
part 7 データの整理

📝 まとめテスト

___月___日

解答

□❶ データのようすをわかりやすくするために，階級ごとの度数を表に表したものを何といいますか。

❶ 度数分布表

□❷ 階級の真ん中の値を何といいますか。

❷ 階級値

□❸ データを大きさの順に並べたときの中央にある値を何といいますか。

❸ 中央値

□❹ データの中で最も多く出てくる値を何といいますか。

❹ 最頻値

□❺ 次の表は，40人の生徒の100問テストの正解数を度数分布表にまとめたものである。

階級(問)	度数(人)
以上 未満 20 ～ 40	7
40 ～ 60	x
60 ～ 80	6
80 ～ 100	18
計	40

①xの値を求めなさい。

②階級の幅を答えなさい。

③60問正解した人が属する階級の階級値を答えなさい。

④正解したのが80問未満の生徒は全体の何%ですか。

❺ ① 9
② 20 問
③ 70 問
④ 55 %

解き方
① 40 − (7+6+18) = 9
④ 正解したのが 80 問未満の生徒は，
7+9+6 = 22 (人) なので，
22÷40×100 = **55 (%)**

□❻ 次のデータについて，平均値を求めなさい。

13 14 14 18 19 15

❻ 15.5

解き方 (13 + 14 + 14 + 18+19+15)÷6 = **15.5**

□❼ 次のデータについて，最頻値と中央値を求めなさい。

62 53 62 55 62
46 58 48 55 57

❼ 最頻値 62
中央値 56

解き方 中央値は，
(55 + 57) ÷ 2 = **56**

part 1 ×÷ 正負の数

part 2 *ab xy* 式 文字と

part 3 ＝＝ 方程式 1次

part 4 反比例・比例

part 5 図形 平面

part 6 図形 空間

part 7 整理 データの

□⑧ 次の表は，ある中学校の1年生について，土曜日のスマートフォンを利用している時間についてまとめたものである。

階級(分)	度数(人)	相対度数	累積相対度数
以上 未満 0 ～ 60	8	0.100	0.100
60 ～ 120	30		⑦
120 ～ 180	④	0.200	0.675
180 ～ 240	14	⑨	
240 ～ 300	㋑		㋘
300以上	2	0.025	1.000
計	㋫	1.000	

① 表の⑦～㋫にあてはまる数を答えなさい。

② ヒストグラムに表しなさい。

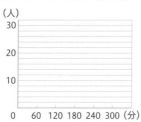

(人)
30
20
10
0　60　120　180　240　300 (分)

③2時間以上4時間未満利用している生徒は全体の何%ですか。

□⑨ 次の表は，AとBの2人でジャンケンをしたとき，あいこになった回数を調べた結果である。

勝負した回数	5回	20回	100回	200回
あいこの回数	2	12	37	62

①あいこになる確率はいくつと考えられますか。

②500回勝負したとき，およそ何回あいこになると考えられますか。

⑧ ①⑦ 0.475
　④ 16
　⑨ 0.175
　㋑ 10
　㋘ 0.975
　㋫ 80

②

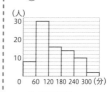

(人)
30
20
10
0　60 120 180 240 300(分)

③ 37.5 %

解き方
① ㋫ 8÷0.1 = **80**
⑦ 0.675−0.2 = **0.475**
㋘ 1−0.025 = **0.975**
④ 80×0.2 = **16**
⑨ 14÷80 = **0.175**
㋑ 80−(8+30+16+14+2) = **10**
③ (16+14)÷80×100
= 0.375×100
= **37.5 (%)**

⑨ ① **0.31**
　② **およそ 155 回**

装丁デザイン　ブックデザイン研究所
本文デザイン　京田クリエーション
　　図　版　スタジオエキス.

本書に関する最新情報は, 小社ホームページにある**本書の「サポート情報」**を
ご覧ください。(開設していない場合もございます。)
なお, この本の内容についての責任は小社にあり, 内容に関するご質問は直接
小社におよせください。

中1 まとめ上手 数学

| 編著者 | 中学教育研究会 | 発行所 | 受験研究社 |
| 発行者 | 岡　本　明　剛 | ©株式会社 | 増進堂・受験研究社 |

〒550-0013　大阪市西区新町2—19—15

注文・不良品などについて：(06)6532-1581(代表)／本の内容について：(06)6532-1586(編集)

注意 本書の内容を無断で複写・複製(電子化
を含む)されますと著作権法違反となります。

Printed in Japan　　寿印刷・高廣製本
落丁・乱丁本はお取り替えします。